中国茶叶学会　中国农业科学院茶叶研究所组编

全彩图文

探秘中国茶

少儿版

4-7

周智修　主编

首批全国优秀出版社

中国农业出版社

农村读物出版社

图书在版编目（CIP）数据

全彩图文探秘中国茶：少儿版.4—7 / 周智修主编；
中国茶叶学会，中国农业科学院茶叶研究所组编. — 北
京：中国农业出版社，2023.10
　　ISBN 978-7-109-29936-8

　　Ⅰ.①全… Ⅱ.①周… ②中… ③中… Ⅲ.①茶文化
－中国－少儿读物 Ⅳ.①TS971.21-49

中国版本图书馆CIP数据核字（2022）第162293号

全彩图文 探秘中国茶少儿版4—7

QUANCAI TUWEN TANMI ZHONGGUOCHA SHAOERBAN 4—7

中国农业出版社出版
地址：北京市朝阳区麦子店街18号楼
邮编：100125
策划编辑：李　梅　　　责任编辑：李　梅
版式设计：水长流文化　　责任校对：吴丽婷
封面绘图：左佐森
印刷：北京中科印刷有限公司
版次：2023年10月第1版
印次：2023年10月北京第1次印刷
发行：新华书店北京发行所
开本：889mm×1194mm　1/16
印张：10.5
字数：300千字
定价：98.00元

组编

中国茶叶学会

中国农业科学院茶叶研究所

编写委员会

【顾　　问】

周国富　十二届全国政协文史和学习委员会副主任，浙江省政协原主席，中国国际茶文化研究会荣誉会长

陈宗懋　中国工程院院士，中国农业科学院茶叶研究所研究员，博士生导师，中国茶叶学会名誉理事长

【主　　编】

周智修　中国农业科学院茶叶研究所研究员，国家级周智修技能大师工作室领办人，中华人民共和国第一届、第二届职业技能大赛茶艺项目裁判长

【副 主 编】

应小青　浙江旅游职业学院副教授

吕美萍　新昌县教师进修学校党支部书记、校长，浙江开放大学新昌学院院长，副研究员

薛　晨　中国农业科学院茶叶研究所副研究员

潘　蓉　中国农业科学院茶叶研究所助理研究员

刘　畅　中国农业科学院茶叶研究所副研究员

【编　　委】（按姓氏笔画排序）

于良子　中国茶叶学会茶艺专业委员会秘书长，西泠印社社员，高级实验师

吕美萍　新昌县教师进修学校党支部书记、校长，浙江开放大学新昌学院院长，副研究员

朱世桂　南京农业大学教授

朱海燕　湖南农业大学园艺学院教授

刘　畅　中国农业科学院茶叶研究所副研究员

刘　栩　中国农业科学院茶叶研究所副研究员，中国茶叶学会茶叶感官审评与检验专业委员会副主任兼秘书长

刘伟华　湖北三峡职业技术学院旅游与教育学院教授

许勇泉　中国农业科学院茶叶研究所研究员，博士生导师

3

阮浩耕　点茶非物质文化遗产传承人，《浙江通志·茶叶专志》主编

李亚莉　云南农业大学教授

李娜娜　中国农业科学院茶叶研究所副研究员

应小青　浙江旅游职业学院副教授

张吉敏　上海市黄浦区青少年艺术活动中心高级教师，上海市校外教育茶艺中心教研组业务
　　　　组长，上海市课外校外教师专业发展分中心茶艺项目带教团队负责人

张德付　礼仪学者

林燕萍　武夷学院副教授

周星娣　上海科学出版社副编审，中国国际茶文化研究会学术委员会委员

周智修　中国农业科学院茶叶研究所研究员，国家级周智修技能大师工作室领办人，中华人
　　　　民共和国第一届职业技能大赛茶艺项目裁判长

段文华　中国农业科学院茶叶研究所副研究员

俞亚民　新昌县涯鱼文化创意有限公司总经理，摄影技师

袁海波　中国农业科学院茶叶研究所研究员

潘　蓉　中国农业科学院茶叶研究所助理研究员

薛　晨　中国农业科学院茶叶研究所副研究员

本册编撰及审稿(按姓氏笔画排序)

撰　稿	丁素仙　于良子　叶　灿　吕美萍　刘　栩　阮浩耕　李亚莉　李娜娜
	李海霞　李菊萍　应小青　张德付　陈　星　陈　钰　林燕萍　段文华
	爱新觉罗毓叶　薛　晨
摄　影	叶　灿　俞亚民　爱新觉罗毓叶
绘　图	张芯语　陈　星
演　示	江欣悦　汤承茗　张芷淇　张家铭　张逸琳　郭紫涵
审　稿	于良子　方坚铭　刘　栩　周红杰　周智修　郭雅玲

序一

茶，是大自然赐予人类的礼物。作为中华优秀传统文化的重要组成部分，中华茶文化博大精深，蕴含着中华民族丰富的审美情趣、人文精神、价值观念和人生智慧。中华茶文化不仅深深影响着一代又一代中华儿女，也影响着全世界的饮茶爱好者。茶的世界很精彩，如果少年朋友们想要打开通往茶世界的大门，全面、科学地认知中国茶，了解中国茶文化，我推荐这套书。为什么呢？

首先，这是一套权威的书。这套书由中国茶叶学会和中国农业科学院茶叶研究所联合牵头，精心策划，组织了国内近40名权威专家和一线茶文化传播工作者共同编写。作者们历时5年，几经修改，以科学的态度、通俗的语言对中国茶和茶文化做了生动的阐述，是集体智慧的结晶。

其次，这是一套系统性很强的书。丛书分1-3级、4-7级、8-10级共三册，以"泡一杯好喝的健康香茶"为主线，围绕茶知识、礼仪知识和茶、水、器等方面，由1至10级循序渐进，仿佛打开一幅中国茶的美妙画卷，慢慢展开，童趣无穷。丛书讲述茶的历史演变，介绍茶文化经典诗、书、画、印等文学艺术作品和精彩故事，让我们感受到古人与今人的美好"茶生活"和审美情趣。同时，丛书以科学的视角告诉我们，茶是什么，一杯茶里有什么，茶能带给我们什么，我们该如何喝茶、品茶、吃茶、用茶、玩茶、事茶……可谓内容丰富！

第三，这是一套长知识学本领的书。这套书不仅带给我们茶的科学和文化知识，还能在实践中提高我们的动手能力、探索能力和创造能力。书中有许多有趣的互动游戏和探索实验，如动手练习并掌握泡茶时怎样选茶、选水、选器具，如何把握茶的投放量、泡茶的时间以及水的温度等，展现出茶艺的中和之美。

第四，这是一套图文并茂、轻松有趣的书。丛书精选了大量精美的图片，不仅有丰富的实物图，更有许多有趣的插画，都是作者们专门组织拍摄或绘制的，使之读来轻松有趣，易懂易会。

茶和茶文化，是灿烂辉煌的中华文化的重要组成部分。泡茶、品茶是一种修炼，能够培养我们做人和做事的自信、爱心、专心和用心。习茶不仅能陶冶情操、启迪智慧，还能使人知礼明理。我们探索茶的奥秘，汲取精神力量，增强文化自信，把中华优秀传统文化不断发扬光大。希望少年朋友们把茶融入日常生活，借一杯茶开启探索科学、感知文化、培养审美的大门。

少年朋友们，你们准备好了吗？让我们共同开启中国茶和茶文化的奇妙之旅吧！

中国国际茶文化研究会荣誉会长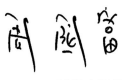

2022年5月

序二

我与茶结缘近60载，被茶叶这一片小小的叶子深深地吸引。茶的世界很大，不仅有很多的科学问题需要我们去探索，还蕴藏着深厚的历史文化底蕴等待着我们去挖掘。我和我的团队主要从事茶叶科学研究，同时不遗余力地倡导全民饮茶，让人们爱上中国茶，尤其是让少年朋友们爱上中国茶。很高兴看到这一套由国内近40名专家和一线茶文化传播工作者共同编写的关于中国茶的少年读物，它将成为少年朋友们走进茶的世界，探索茶科学与茶文化的一座桥梁。

中国是世界茶树原产地，茶是中国的"文明植物"。传说神农尝百草，日遇七十二毒，得茶而解之，大约成书于汉代、作者托名神农的《神农食经》中记载："茶茗久服，令人有力、悦志。"自古以来，不少文献记载了茶的功效，它能提神、醒脑、益思、抗氧化、助消化等，有益于人们的身心健康。经过长期的饮茶实践以及科学研究发现，茶叶中的各类有效成分能够在预防和治疗某些疾病上发挥作用。

科学饮茶，既能保健养生，又能怡情悦志。早在唐代，陆羽便撰写了世界上第一部茶叶专著《茶经》，系统地阐述了茶的种植、制作、煮饮等技艺，并提出了"精行俭德"的茶道思想。也就在这一时期，茶道不仅在中国兴起，还开始向国外传播。日本、朝鲜半岛等地使节、僧人来中国，了解了中国茶和饮茶文化，并将茶籽、茶具和茶饮文化带回国，由此，日本茶道、韩国茶礼萌芽。现今，全球81个国家和地区种有茶树，均是直接或间接从中国传播出去的。许多国家形成了各具特色的饮茶习俗。

茶，既是"柴米油盐酱醋茶"中的生活必需品，也同"琴棋书画"一样是我们的精神食粮。在这套丛书中，我们能深刻地体会茶的物质和精神两种属性。少年朋友们可以跟随这套书，探索茶科学，品赏茶饮的丰富多彩，跨越古今，品读茶的历史变迁，品味古人的文化生活。在习茶的过程中，学会专心和耐心，懂得感恩与谦卑，提升气质和修养，锤炼品格与心性。

希望"茶"的种子在少年朋友们心里生根发芽、茁壮成长，等待一日盛开出洁白的"茶花"，让你们的人生充满馨香。也希望你们成为茶文化的传承者，将茶文化的精神不断发扬光大。

中国工程院院士 陈宗懋

2022年5月

致小读者的一封信

亲爱的少年朋友：

　　中国是茶的故乡，茶树品种资源之丰富、种茶区域之辽阔、饮茶习俗之多样、传播范围之广泛，都堪称世界之最。茶的世界，色彩缤纷，有绿茶、红茶、青茶、黑茶、白茶、黄茶和再加工茶等；茶的烹煮，形式多样，有混煮羹饮、点茶茗战、撮泡清饮、现代调饮等；茶的文化，载体多元，有传说、诗词、书法、绘画、书籍、戏曲、歌舞……在生活中，我们常常因一杯茶而感到快乐。我们希望通过这套丛书，与大家分享茶的知识和茶带来的快乐与美好。

　　在内容安排上，丛书以"学点茶知识""泡一杯香茶"为主线，围绕茶科学、茶文化、茶礼仪与泡茶的茶、水、器等方面展开，根据知识的难易分为1-3级、4-7级、8-10级共三册10个层级，逐级递进，带领小读者们一起走进茶的世界，与茶对话，通过学茶、读诗、习礼、识茶、泡茶、品茶等学习实践，陶冶情操、锤炼品格。

　　跨越历史，我们一起领略古人的饮茶生活。妙谈21个饮茶趣闻，诵读21首经典茶诗，感受8大饮茶习俗，"重走"中国茶的传播之路，从中领略古人的生活情趣，了解当代茶文化的灿烂多姿。

　　穿越山海，我们一同踏遍各大茶区的绿水青山。探访国内4大茶区，深入26个名茶之乡，走进绿茶、红茶、青茶、黑茶、白茶、黄茶6大家族，结识茶叶大家族中的46个明星成员，学习中国茶的科学知识。

　　动手实践，我们共同探索泡好一杯茶的奥秘。通过实验对比，我们感知15种不同类型的水冲泡茶汤的风味差异，认识各种泡茶用器的功能及用法，如玻璃、瓷、紫砂等不同材质，盖碗、壶、盏、杯等不同器型，学习用不同的器具冲泡不同特征的茶。专注泡茶，乐在品茶，学会探索，激发创造。

　　习茶明礼，我们保持谦卑之心，以礼相待，以茶养性。中国素为"礼仪之邦"，我们在习茶的同时，学习"视容""色容""口容""手容""声容"等容礼和"问候""接待""交往"等社交礼仪，做到知行合一。

　　为了让这趟茶世界的"探秘之旅"更为有趣，我们运用了大量精美的照片和有趣的手绘插画，形象生动地为文字"解说"。

　　几句絮语，纸短情长。中华茶文化博大精深，三册图书难以尽述。希望青少年读者与我们一起探讨、完善，一起感知有茶生活之美好，继承和弘扬祖先为我们留下来的优秀传统文化。

编委会

2022年5月

Contents
目录

5
学点茶知识

泡一杯香茶

6

学点茶知识

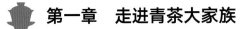
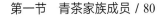
泡一杯香茶

7

学点茶知识

泡一杯香茶

第一章　走进绿茶大家族

　　绿茶是我国主要茶类之一，为不发酵茶，保留了茶树鲜叶内多种天然营养成分。喝一杯绿茶，可以让我们头脑清醒、精力充沛。让我们一起走进绿茶大家族吧！

第一节　绿茶家族成员

　　绿茶的特点为外形绿、汤色绿、叶底绿，俗称"三绿"，这主要是由绿茶的加工工艺所决定的。

一、绿色芽叶变绿茶的秘密

1. 摊一摊（摊放）

　　采摘后的鲜叶一般不能立即进行加工，需要摊一摊、放一放，这个过程叫摊放，它是绿茶制作的第一道工序。将鲜叶均匀铺于干净通风的器具上，摊放几个小时，作用为：① 散发部分水分；② 使难闻的青草气减少，散发出清新的香气；③ 使有益身体健康的营养成分转化增多。

摊放

2. 炒一炒（杀青）

摊放后的鲜叶放入高温杀青锅内炒一炒，这个过程叫杀青，它是绿茶保持外形绿、汤色绿、叶底绿的关键工序。杀青的作用是：① 利用高温破坏鲜叶中的蛋白酶，防止芽叶氧化变红；② 蒸发部分水分，使内含成分发生变化；③ 去除青草气。

杀青

3. 揉一揉（揉捻）

将杀青叶用双手或者机器揉一揉，这个过程叫揉捻，它起到塑造绿茶外形和提高茶叶品质的作用。但有的绿茶在加工过程中并没有揉捻这道工序，如黄山毛峰茶。

揉捻

4. 慢慢变干（干燥）

将揉捻叶采用烘、炒、晒等方式使水分散发，让芽叶慢慢变干，这个过程叫干燥。干燥的作用是：① 固定茶叶外形；② 提升茶叶的香气；③ 减少水分，便于保存。

烘干

炒干

晒干

二、绿茶大家族中的"兄弟姐妹"

绿茶按杀青方法不同，分为蒸青绿茶和炒青绿茶；按干燥方法不同，分为烘青绿茶、晒青绿茶、炒青绿茶等。

1. 炒青绿茶

根据茶叶的形状，炒青绿茶又可以分为长炒青、圆炒青、扁炒青等，代表性名茶有西湖龙井茶、洞庭（山）碧螺春茶、雨花茶、信阳毛尖茶等。

洞庭（山）碧螺春茶

雨花茶

2. 烘青绿茶

烘青绿茶代表性产品有黄山毛峰茶、太平猴魁茶、六安瓜片茶、开化龙顶茶等。

太平猴魁茶

六安瓜片茶

3. 晒青绿茶

晒青绿茶代表性产品有滇青、黔青、川青、粤青等。

晒青

滇青

4. 蒸青绿茶

蒸青绿茶主要有恩施玉露等。

恩施玉露

第二节　绿茶家乡之旅

绿茶产区分布广泛，我国所有产茶省（自治区、直辖市）都生产绿茶，不同的生长环境生产出不同特色的绿茶。

一、探西湖龙井茶的家乡

西湖龙井茶产自浙江省杭州市西湖风景名胜区和西湖区所辖区域，是以当地的龙井群体种、龙井43、龙井长叶等茶树品种的芽叶为原料，采用传统的摊青、青锅、辉锅等工艺加工而成的扁形绿茶。

西湖龙井茶的生产范围为杭州市西湖风景名胜区和西湖区168平方公里内。其中一级产区（西湖风景名胜区）48平方公里，主要为西湖街道所辖10村、社区，包括龙井、翁家山、杨梅岭、满觉陇、梅家坞、梵村、九溪、双峰、茅家埠、灵隐；二级产区（西湖区行政区域）主要为转塘、龙坞、留下、周浦、袁浦等乡镇街道。产区内群山起伏，气候温和，雨量充足，光照漫射，土层深厚，排水性好。优越的自然地理条件有利于茶树的生长，赋予了西湖龙井茶优良的品质。

杭州产茶历史悠久，最早可追溯到我国唐代。唐代茶圣陆羽所撰《茶经·八之出》中记载："杭州、临安、於潜二县生天目山，与舒州同；钱塘生天竺、灵隐二寺……"杭州产茶始于天竺、灵隐二寺。"龙井茶"之名始见于明代，盛于清代。清代乾隆皇帝游览杭州西湖，盛赞西湖龙井茶，传旨将狮峰山胡公庙前的十八棵茶树封为"御茶"，这十八棵"御茶"树至今依然枝繁叶茂。2022年11月29日，西湖龙井茶制作技艺被列入联合国教科文组织人类非物质文化遗产代表作名录。

西湖区无性系良种茶园

西湖区群体种茶园

西湖区十八棵御茶树

二、访洞庭（山）碧螺春茶的家乡

洞庭（山）碧螺春茶产于江苏省苏州市郊太湖之畔的东洞庭山及西洞庭山一带，是经独特的工艺加工而成的卷曲形绿茶。

洞庭山受太湖的影响，气候温暖湿润，四季分明，降水量充足，非常适合茶树生长。茶果间作是洞庭（山）碧螺春茶最具特色的栽培方式，茶树和桃树、李树、杏树、梅树、柑橘、枇杷、

东洞庭山茶园

杨梅等果树交错种植，"碧螺春茶果复合系统"被认定为中国重要农业文化遗产。优良的生态条件，创造了碧螺春茶独特的品质。

苏州早在唐代已产茶。关于碧螺春茶名称的由来，说法很多。相传，民间最早叫洞庭茶，又叫"吓煞人香"。明代时就有碧螺春的传说，清代王应奎《柳南续笔》记载，清代康熙皇帝视察时品尝了这种汤色碧绿、卷曲如螺的茶，倍加称赞，然而觉得"吓煞人香"的名字不好听，于是命名为"碧螺春"。2009年，洞庭（山）碧螺春茶荣获中国驰名商标，2020年入选《中欧地理标志协定》第二批保护名录。2022年11月29日，碧螺春茶制作技艺被列入联合国教科文组织人类非物质文化遗产代表作名录。

东洞庭山茶果间作茶园

三、寻恩施玉露的家乡

恩施玉露产于湖北省恩施土家族苗族自治州，是经过特定工艺加工而成的蒸青针形绿茶。

恩施地处湖北省西南部，位于武陵山腹地，域内群山耸立，植被丰富，云雾缭绕，是出产名优茶的优势生态区域。相传清朝康熙年间，恩施芭蕉黄连溪有一个姓蓝的茶商，他按陆羽所著《茶经》中记载的"蒸之、焙之"工艺垒灶制茶，所制茶叶外形紧细挺直，色泽翠绿油润，汤色嫩绿明亮，香气清香持久，滋味鲜爽回甘，叶底嫩匀明亮，曾称"玉绿"。因恩施方言中"绿"与"露"发音相同，故1938年，"恩施玉绿"正式改名"恩施玉露"。2007年，恩施玉露获国家地理标志产品保护认证，2022年11月29日，恩施玉露制作技艺被列入联合国教科文组织人类非物质文化遗产代表作名录。

四、觅都匀毛尖茶的家乡

都匀毛尖茶，又名白毛尖、细毛尖、鱼钩茶，属卷曲形绿茶。

都匀毛尖茶产自贵州省中南部的黔南布依族苗族自治州。茶区山峦起伏，树木茂盛，云雾笼罩，雨量充足，造就了都匀毛尖茶优良的品质。

据史书记载，早在明代，都匀出产的鱼钩茶、雀舌茶就已成为皇室贡品，到清代乾隆年间，开始远

都匀毛尖茶茶园

销海外。1915年，都匀毛尖茶在巴拿马万国博览会上荣获金奖。1956年，都匀县团山乡的乡干部将炒制的上好鱼钩茶寄送给毛泽东主席品尝，毛主席品尝后亲笔题名为"毛尖茶"，都匀毛尖茶由此得名，并沿用至今。2010年，都匀毛尖茶获国家地理标志产品保护认证。2022年11月29日，都匀毛尖茶制作技艺被列入联合国教科文组织人类非物质文化遗产代表作名录。

第三节　绿茶家族中的明星成员

绿茶是我国生产量和消费量最大的茶类。2021年，我国绿茶产量超过207万吨，占六大茶类总产量的67%左右；消费量约占六大茶类消费总量的55%。下面，让我们来认识一下绿茶家族中的十位明星成员吧。

一、西湖龙井茶

西湖龙井茶产于浙江省杭州市西湖区。干茶外形扁平，光滑挺直，呈糙米色；茶汤杏绿明亮，具有花香、清香或嫩香，味道鲜醇爽口，以"色绿、香郁、味甘、形美"四绝著称。

干茶　　　　　　　　　　茶汤　　　　　　　　　　叶底

二、黄山毛峰茶

黄山毛峰茶产自安徽省黄山市。干茶条形舒展如兰，颜色绿中带黄；茶汤嫩绿明亮，香味清鲜，春天最早采制的黄山毛峰茶还带有"黄金片"，就是烘干后呈金黄色的鱼叶。

干茶　　　　　　　　　　茶汤　　　　　　　　　　叶底

三、洞庭（山）碧螺春茶

洞庭（山）碧螺春茶产于江苏省苏州市洞庭山一带。干茶外形纤细卷曲呈螺状，干茶富有白色茸毫；冲泡后的茶汤呈杏绿色，味道鲜爽回甘，具有特别的花果香。

干茶　　　　　　　　　　茶汤　　　　　　　　　　叶底

四、信阳毛尖茶

信阳毛尖茶产自河南省信阳市。干茶外形紧细、圆、直，富有白色的茸毫，颜色翠绿；汤色黄绿，香气高爽，滋味甘醇。

干茶　　　　　　　　　　茶汤　　　　　　　　　　叶底

五、都匀毛尖茶

都匀毛尖茶产于贵州省都匀市。干茶外形紧细、卷曲，富有银白色的茸毫；茶汤绿而清澈，香气清新，味道鲜爽、浓厚、回甜。

干茶　　　　　　　　　　茶汤　　　　　　　　　　叶底

六、庐山云雾茶

庐山云雾茶产自江西省九江市。干茶外形紧而结实，颜色青翠，银毫显露；茶汤清澈、明亮，香高持久，味道浓醇、回甜。

干茶　　　　　　　　　　茶汤　　　　　　　　　　叶底

七、恩施玉露

恩施玉露产于湖北省恩施市。干茶外形紧直而细秀，形似松树的针叶，色泽鲜绿；茶汤绿而透明，香气清高，味道浓醇可口。

| 干茶 | 茶汤 | 叶底 |

八、三江早春茶

三江早春茶产自广西壮族自治区三江侗族自治县，干茶外形壮实似笋，颜色翠绿带光泽；茶汤绿而明亮，香气清新而持久，味道浓厚、回甘。

| 干茶 | 茶汤 | 叶底 |

九、汉中仙毫

汉中仙毫产于陕西省汉中市。茶叶的外形紧细整齐，颜色翠绿，白毫丰富；茶汤嫩绿而明亮，具有明显的板栗香，香气持久，味道醇厚。

| 干茶 | 茶汤 | 叶底 |

十、安吉白茶

安吉白茶产于浙江省安吉县，采摘白化茶树品种'白叶1号'的新梢鲜叶加工而成，干茶外形挺直、匀整，色泽翠绿透金黄；茶汤嫩绿而清澈，味道鲜爽、醇和，香气清新。

干茶　　　　　　　　　　茶汤　　　　　　　　　　叶底

白叶1号茶园

第二章　爱上中国茶

中国种茶、制茶、饮茶有着悠久的历史，留下了许多与茶相关的典故传说。深入了解之后，相信你会爱上中国茶。

第一节　饮茶趣闻

在中国的饮茶历史上，发生过许多有趣的饮茶故事，我们来分享三个饮茶小故事。

一、单道开的"茶苏"

晋代的时候，有一个名叫单道开的隐士，他喜欢隐居山林，进行修炼。

后来，单道开搬到临漳县的昭德寺修炼。他喝的茶很特别，是用茶和紫苏调配的，这种茶叫"茶苏"。喜饮"茶苏"的单道开，据说活了一百多岁。

二、茶马交易

我国西北边疆地区的少数民族喜欢吃肉喝酪浆（牛、羊等动物的乳汁），也喜爱饮茶。虽然当地不产茶，但在他们日常饮食中，茶的地位与肉、酪浆一样重要，因此，这一地区流传着这样一句话，大意是"一天不喝茶，思绪便停滞；三天不喝茶，人便要生病"，形象地表达了茶在西北少数民族生活中的重要性。

在古代，作战需要精良的战马，战马多出产于西北边疆地区，历代统治者用茶叶换取战马，这就是历史上的"茶马交易"。

茶马交易始自唐代。宋代还在四川、甘肃等地设立了专门管理卖茶和买马的机构。元代废止了茶马交易，到了明朝，茶马交易又被恢复。清朝雍正十三年（1735年），官营的茶马交易制度又被废止。历史上，茶马交易存在了近700年。

三、好女不吃两家茶

《红楼梦》第二十五回，王熙凤分别给黛玉、宝钗、宝玉送去暹罗（今泰国）进贡来的茶叶。一日，王熙凤正巧在怡红院见到大家，便问黛玉：你尝了可好？宝钗先说：味道淡，只是颜色不大好。黛玉却说：我吃着好，不知你们觉得怎样？宝玉一听便说：你果然爱吃，把我这份也拿了去吃罢。凤姐笑道：你要爱吃，我那里还有呢。接着凤姐笑道："你既吃了我们家的茶，怎么还不给我们家作媳妇？"众人听了都笑起来。

明代冯梦龙《醒世恒言·陈多寿生死夫妻》一卷中，柳氏因陈家家道中落，逼女儿退掉陈家的聘礼，另许富裕人家。女儿说："……从没见好人家女子吃两家茶。"

古时婚俗，女子受聘，俗称"吃茶"。明代许次纾《茶疏·考本》写道："茶不移本，植必子生。古人结婚，必以茶为礼，取其不移植子之意也。今人犹名其礼曰下茶。"

第二节 绿茶制作的点心

绿茶的天然营养成分有益于抗衰老、防癌、杀菌、消炎等。利用绿茶制作的茶点色泽清新、口感清雅、清香怡人，既有益健康，又诱人食欲。

一、绿茶酥

1. 特点

绿茶酥选用优质的绿茶粉、面粉等制作而成，松脆可口，口味清淡而有清香，略带咸味，外观与茶树新梢上的一芽两叶相似，非常精致美观。

2. 配方

绿茶粉20克，低筋面粉200克，鸡蛋1个，盐2克，冷水60毫升。

3. 制作流程

① 面团调制。将面粉、茶粉、鸡蛋、盐和水混合均匀，揉成光洁的面团，盖上保鲜膜静置15分钟。

② 成型。将静置好的面团分成小块，分别做成芽和叶的形状，然后组合成一芽两叶的造型。

③ 烘烤。将成型的绿茶酥放入180℃的烤箱中烘烤15分钟，取出后冷却。

④ 装盘。将绿茶酥放入小碟，点缀几片真的茶叶，真假难辨，非常有趣。

4. 注意事项

面团要软硬适中，要揉透；如果暂时不食用绿茶酥，需放入密封的容器中保存，以免受潮而失去松脆的口感。

二、末茶蜜豆千层蛋糕

1. 特点

末茶蜜豆千层蛋糕以末茶粉、牛奶、鸡蛋、蜜豆为主要原料。成品营养丰富，绿茶的清香和蜜豆的甜香交融，非常协调，色泽绿白相间，清新怡人。

2. 配方

饼皮：末茶粉20克，低筋面粉60克，鸡蛋1个，牛奶200毫升，黄油10克，盐1克，糖30克。

夹馅：淡奶油300毫升，糖20克，蜜豆100克。

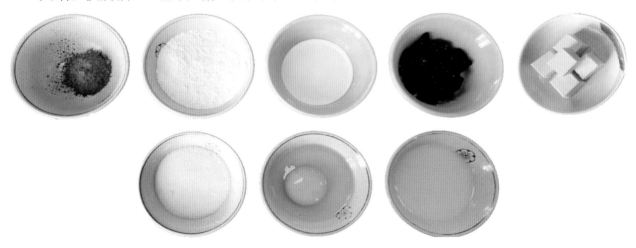

3. 制作流程

① 面糊调制。将鸡蛋、牛奶、糖、末茶粉、盐与过筛后的低筋面粉混合均匀，黄油融化冷却后加入搅匀成面糊。调制好的面糊应均匀细滑无颗粒。

② 饼皮摊制。平底锅烧热后稍冷却，抹一点黄油，倒入一勺面糊，摊成厚薄均匀的饼皮，小火加热至熟，晾凉待用。

③ 成型。淡奶油加糖打发，然后在饼皮上抹一层淡奶油，再撒上蜜豆，盖上另一张饼皮；重复此过程，形成六张饼皮、五层夹心的饼坯，置冰柜中冷藏。

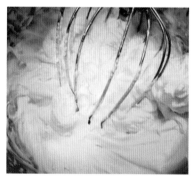  

④ 装饰。从冰柜中取出夹心饼坯，切成三角形，点缀奶油和新鲜水果，摆盘。

4. 注意事项

摊饼皮时不宜大火，以微火为佳。

泡一杯香茶

第三章　习传统礼仪

　　我们已经学习了立容、坐容、行容等部分容礼，这一章我们继续学习容礼，然后学习交往礼仪。

第一节　容礼

　　一个人的修养好到一定程度，微微喘一口气，轻轻动一下，都是那样优雅，让人心生羡慕。下面我们继续学习气容、声容、食仪等。

一、气容

　　气容，是关于呼吸的仪容。汉桓帝的时候，有一位侍中叫迺存，年老口臭，皇帝无法忍受，就赐给他鸡舌香让他含着。鸡舌香的作用相当于今天的口香糖，有助于清洁口腔，保持口气清新。

1. 气容肃

　　气容肃，就是呼吸要轻徐、平稳，不可以气喘吁吁。在公共场合，气喘吁吁或气喘如牛（大声喘气），都是失礼的行为。

2. 屏息静气

我们呼出的气息中可能含有细菌、病毒，所以尽量不要让自己的气息触碰到他人的身体。如果与对方距离比较近，说话时我们应该用手遮掩嘴巴。

我们清洗器具时，应该稍微屏住呼吸。这既是卫生的要求，也是对他人尊敬的表现。

我们为他人端茶的时候，也应该稍微屏住呼吸，以免气息触碰到茶汤或器具。如果此时有人跟我们问话，我们最好把茶杯放好后，再回答。

二、声容

声容，是关于声音的仪容。这里的声，不仅是指我们喉咙发出的声音，还包括我们的动作发出的声音。

1. 声容静

不干扰他人是礼仪的基本要求，而声音最容易干扰他人。所以，我们发出的声音要适度，即"声容静"。

我们说话时，音量要适中，不要太高，也不要太低。只有对方听力不佳时，我们才可以大声说话。语速也不可太快，要从容不迫。

我们做事时，尽量不发出声音，或发出的声音要尽量低。开门、关门、掀帘、放帘、放置物品等，都要尽可能不发出声音。茶事活动中，许多动作都会发出声音，我们应该尽量让声音低或者让声音悦耳。

2. 声必扬

声容静是一个人修养的表现，但是，在有些场合，我们又必须故意弄出些声响才合礼，这就是"声必扬"。如我们进入封闭的空间之前，要发出一些声音（如假咳两三声），其目的是提醒里面的人，让里面的人知道有人来到。

3. 声含情

声音是包含感情的。声音所包含的感情称为声色。我们跟不同的人说话，声色也应该有所不同。跟父母说话，声音应该柔顺。主人跟客人说话，主人的声音应该热情友好，客人则应该相对克制一些。

三、食仪

食仪，是饮食时的个人仪容，俗称食相或吃相。我们怎样饮食才合乎礼仪呢？

1. 个人饮食礼仪

① 饮食时，应该小口进食，不要让腮部鼓起；要细嚼慢咽，不要狼吞虎咽。饮茶尤其如此，要慢慢品味。大口饮茶，不知其味，称为牛饮，那是非常不雅的。

② 进食前，应先洗手，不要用脏手触碰食物、器具。

③ 应当专心进食，不宜边进食边做别的事情，否则心不在焉，食而不知其味。

④ 进食时，饭食到嘴边再张嘴，不要预先张大嘴巴等待饭食。

⑤ 进食时，左手持碗，右手持筷或匙，以餐具就口，不可将餐具放在桌面上，俯身而食。

⑥ 进食时，嘴唇轻触器缘，不可以口含器缘，也不得令器缘触碰到鼻尖、额头；不要将饭食洒落在餐桌、地板上；进食时，举起筷子则放下汤匙，举起汤匙则放下筷子，不要同时并持，左右开弓。

⑦ 进食时，不要吐露舌头。

⑧ 咀嚼食物时，尽量不要发出声音。

⑨ 手上粘了食物，要轻轻拨落于残食处，不要甩掉。拨落后，用餐巾擦拭干净。不可舔舐手指。

⑩ 嘴中含有食物，不要说话。

⑪ 放置碗筷时动作要轻，不发出声响。

⑫ 取食物时，一次不要取太多。

2. 会食礼仪

与人共食时，我们不能只考虑自己，还要照顾到他人，要遵循以下礼仪：

① 为卫生起见，取菜时最好使用公用的餐具（公筷、公匙）。

② 最好每道菜都品尝，不要专挑某一种吃，也不要与人争抢某道菜。

③ 不要伸长手臂（也不可站起来）在别人面前的菜盘里夹菜。如果有转盘，可以转动转盘。

④ 不可以用筷子翻搅饭菜，挑取自己喜欢的食物。

第二节 交往礼仪

在与师长、朋友交往中礼仪很重要，如向师长奉一杯茶，是表达敬意的有效方式；朋友互赠礼物，也是表达人们情感和心意的方式。日常生活中，我们如何做到有礼有节呢？

一、赠送与推辞

1. 选择礼物

礼物不以珍稀为贵，而以平常为要。也就是说，礼物应该选比较容易获得的东西。礼物的数量也不是固定的，可以根据自身的经济状况来决定。

2. 赠送礼物

礼物应该用心包装一番，不宜裸露，否则不合礼仪。若包装草率，也会显得诚心不足。有时候还要在包装外面贴上纸片，题写一些文字。文字要工整，为表示敬重，可以用毛笔题写。

赠送礼物时，双手持拿物品，高度与心脏齐平。物品分首尾时，要把头部朝向对方；若有题写文字，则把文字正面朝向对方。

3. 推辞

当对方馈赠礼物时，对方的言语、体貌又合乎礼仪，我们才可以接受对方的礼物。否则，应当婉言拒绝。

按照礼仪的要求，接受礼物之前，需要推辞。馈赠、推辞礼物以三为节，即推辞三次。如果宾主双方交情一般，要在对方第三次馈赠时才接受；如果交情较深，可以在对方第二次馈赠时就接受；如果对方是师长，一般不推辞，因为对师长的礼物推辞的话，会显得不恭敬。

4. 礼尚往来

礼尚往来是人际交往的基本原则。别人赠送给我们一件礼物，我们也应该以同等的礼物回赠对方。有来有往，彼此之间的交往才能逐渐深入。如果有来无往，交往很难长期持续下去。

二、向师长奉茶

在日常交往中，我们可以通过日常问候、向师长奉茶等方式，表达对师长的恭敬和关心。

1. 为师长奉茶

中国自古就有敬老的礼俗。

（1）向长辈敬茶

孝亲敬老是中华民族的传统美德，也是我们的先辈传承下来的宝贵精神财富。

当我们为长辈奉茶时，态度和行为要恭敬，做到和颜悦色、举止端庄，说话大方得体。

（2）向老师敬茶

尊师重教是我国的优良传统。我国自古就有"一日为师终身为父"的说法，老师的地位与父母的地位是相当的。老师对弟子有传道授业解惑的恩德，所以礼敬老师是我们应该做到的。

拜师时，敬茶是必不可少的礼节。学生向老师奉上一杯"敬师茶"，一方面表示尊重；另一方面，茶有着"性不可移"的特性，代表着一心一意，表示学习的决心。为老师奉茶要带着恭敬的心意。

2. 奉茶礼仪

（1）自身整洁

注意个人卫生，要整洁，避免头发散乱、指甲过长等。在奉茶过程中要注意捧持茶盘的高度和距离，避免气息接触茶杯。

（2）动作稳重

为师长奉茶，一般不直接把茶杯递到师长的手上，而是把茶杯放置在师长便于拿取的位置，通常是右手边。

（3）语言恭敬

在为长辈奉茶时，要主动称呼问好。可以面带微笑地说："爷爷奶奶，茶来了。"放下茶杯可以说："爷爷奶奶，请喝茶。"也可以说一些关照的话语，如"小心烫""需要加水，您叫我"等，以表达对长辈的关心与敬爱。

（4）水量适中

为师长奉茶的高度通常不低于胸口，这就要求我们在奉茶时要控制好茶汤量，避免在捧持茶盘的时候茶杯倾倒，造成烫伤。一般茶汤量在六七分满即可。

（5）奉茶十要

和气面带笑，
汤作七分好。
双手捧于心，
行时不乱脚。
语言有关照，
称呼不可少。
奉茶礼先行，
礼数方周到。
亲奉为恭敬，
安全最重要。

第四章　泡一杯爽爽的绿茶

冲泡绿茶的方法有许多种，可简可繁，但目标只有一个，泡出一杯好喝的茶汤。

第一节　品一品绿茶

绿茶的品类最丰富，因为产地、品种、制法各有不同，所以，品质也各具特色。我们先来看一看、闻一闻、尝一尝。

一、绿茶的形状

绿茶的形状是所有茶类中最多样的。

龙井茶扁、平、直而光滑，像碗钉；碧螺春茶细卷像螺蛳，并带白色毫毛；黄山毛峰茶像自然的兰花草；南京雨花茶又紧又直，像一根针；珠茶像圆圆的珍珠；眉茶像弯弯的眉毛。

二、绿茶的颜色

绿茶干茶和茶汤的颜色呈绿色，有深浅之分。

1. 干茶

绿茶干茶的颜色有的像刚萌发的小草，绿色中带着浅浅的黄，很有活力，是黄绿色的；有的像竹子的叶片，是翠绿色的；还有的像松树的针叶，是深绿色的。

2. 茶汤

茶汤的颜色以浅绿色、浅黄绿色，透明、干净为佳。如果茶汤颜色深暗又有黑渣，就是不太好的茶汤了。

三、绿茶的香气

可以闻到的绿茶香气有清香、栗香、花香等多种，清新是绿茶香气的基本特点。

1. 清香

清香是很多绿茶都有的香气，让人感觉清新，很像大自然的气味。

2. 栗香

栗香，像熟板栗散发出的香气。好多绿茶都有栗香。

3. 花香

如果泡出的绿茶有像鲜花开放时的香气，那就是美妙的茶香了。

四、绿茶的味道

绿茶的味道以清新、鲜美而爽口为好。如有像青草一样的生青味，是不好的味道。

1. 鲜

绿茶的鲜有两方面的含义，一是有明显的新鲜感；二是有鲜美的味道，有点像鸡汤一样。早春的绿茶，"鲜"的特征是非常明显的。

2. 醇

醇是指茶味的口感适度，不浓不淡。冲泡茶叶时，有很多有效成分溶入水中，虽然不同成分的滋味不一样，但在水中交融，会有一种整体的口感。这种味道丰富而又平衡适度，就是醇。

3. 爽

如果茶汤中主要的滋味物质组成比例恰当，会让口腔产生收紧似的刺激感，但又不会过分强烈，这就是爽的口感。

第二节　辨一辨不同的水

我们初步认识了常见的水。这一节，我们来辨一辨用自来水与饮用纯净水泡茶有什么区别。

一、自来水与饮用纯净水

1. 自来水

自来水是井水等地下水及江水、河水、湖水等地表优质水，经过水厂沉淀、消毒、过滤等净化处理，水质符合相应国家标准后，通过管道输送到各家各户，供人们生活、生产使用的水。

自来水

2. 饮用纯净水

饮用纯净水是以符合生活饮用水卫生标准的水为水源，经过适当的加工制成的不含任何添加物、无色透明、可以直接饮用的水。

因为饮用纯净水干净、不含杂质，泡出来的茶汤能表现茶的真实品质，因此，我们常用饮用纯净水与别的水来做泡茶对比实验。

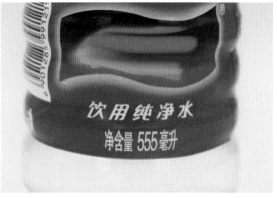

饮用纯净水

二、辨一辨

我们用自来水和饮用纯净水泡同一种绿茶，辨一辨茶汤的不同。

准备两种水，烧开后冷却至70℃，称取两份2克的绿茶，分别用100毫升自来水和饮用纯净水浸泡2分钟，品尝茶汤并判断滋味是否相同。

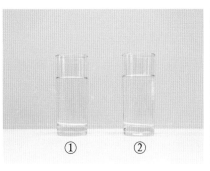

备水

称茶

泡茶

两杯茶区别如下：

茶汤色、香、味	饮用纯净水泡的茶（①）	自来水（杭州）泡的茶（②）
汤色	透亮	微微偏黄
香气	正常	带有杂味，香气较低
滋味	正常	偏涩

注：结果仅针对本次实验，使用不同实验材料结果可能有所不同。

第三节　认一认茶器

泡茶器具种类很多，适合冲泡绿茶的茶器有哪些呢？根据绿茶原料老嫩的不同，冲泡绿茶可以使用玻璃杯，也可以用瓷杯或瓷壶。

一、玻璃杯

玻璃杯无色透明，晶莹剔透，散热快，是冲泡绿茶常用的器具。原料细嫩的绿茶外形优美，适合用玻璃杯来冲泡，既可以欣赏茶叶冲泡过程中的动态美，又可以欣赏清澈、明亮的茶汤，可谓赏心悦目。

1. 玻璃杯的样式

玻璃杯造型多种多样，有圆柱形、喇叭形等，结构有单层、双层等。

| 圆柱形玻璃杯 | 喇叭形高脚玻璃杯 | 单层玻璃杯 | 双层玻璃杯 |

2. 玻璃杯的选用

可以选择杯底较厚的玻璃杯，不易烫手和损伤桌面，杯身高8厘米左右、杯口直径7厘米左右为好，有利于茶叶因水的冲力上下翻滚，使杯内茶汤上下浓度均匀一致。

二、瓷杯、瓷壶

对于原料较成熟的绿茶，通常选择瓷杯或瓷壶来冲泡。因为原料较成熟的绿茶外形大多比较普通，用玻璃杯泡反而会把茶叶外形的缺点暴露出来，所以选用不透明的瓷杯或瓷壶来冲泡。另外，瓷壶保温性比玻璃杯好，更容易把茶叶中的内含成分浸泡出来。

白瓷马克杯	青瓷杯	青花瓷杯
青瓷杯	粉彩瓷盏	青瓷杯
青瓷壶	粉彩瓷壶	单色釉瓷壶

第四节　生活型绿茶冲泡

以原料成熟的毛峰绿茶为例，用纯净水，选用白瓷小壶、玻璃公道杯、白瓷品茗杯，冲泡出一杯好喝的茶汤。

一、浓茶与淡茶

成人与儿童、老茶客与初喝茶的人、男性与女性等不同人群，对茶汤的浓淡要求不一样。一般来说，给经常喝茶的客人或长辈泡茶，茶汤要浓一些；给平时不太喝茶的客人或同学们泡茶，茶汤要淡一些。

1. 稍浓的茶汤——泡给师长喝

师长喝的茶汤要稍微浓一点。选容量120毫升的茶壶，茶叶量4克，水温80℃。第一泡浸泡时间1分钟，第二泡浸泡时间40秒，第三泡浸泡时间1分钟，这样三泡茶汤，浓度基本一致。

2. 稍淡的茶汤——泡给同学喝

同学喝的茶汤要稍微淡一点。选容量120毫升的茶壶，茶叶量3克，水温65℃。第一泡浸泡时间1分30秒，第二泡浸泡时间1分钟，第三泡浸泡时间2分钟，这样三泡茶汤的浓度基本一致。

二、器具准备

事先点好蜡烛，烛炉放在右边桌面上。将开水注入水壶，水壶放于烛炉上保温。

将茶壶放在壶承上面，公道杯置于壶承右上角45°方向，3只品茗杯并列平行置于壶承左前方，茶巾、茶瓢并列平行置于壶承后面，布置水盂、茶叶罐于壶承左边。

茶壶（容量120毫升）	壶承	公道杯	公道杯托
品茗杯、杯托	茶叶罐	茶瓢、茶瓢架	水壶
隔热垫	茶巾	盖置	水盂

保温烛炉

茶席图

三、冲泡流程

温具→置茶→温润泡→冲泡→沥汤→分茶→奉茶→收具。

温具 提水壶向茶壶注水至六分满，温壶后，再注水入公道杯，由公道杯向3只品茗杯注水，温品茗杯后，弃水。

置茶 打开茶叶罐，取4克茶叶，放入茶壶。

温润泡 提水壶注入80℃的水至壶的1/4，摇一摇茶壶，让茶叶全部湿润。

冲泡 注水至茶壶满，盖上盖，等待1分钟。

沥汤 将茶壶中的茶汤沥入公道杯，使茶汤与茶叶分离。

分茶 把公道杯里的茶汤均匀分入3个品茗杯。

奉茶 给长辈奉茶，双手端好茶盘，面向长辈站好，上身微前倾30°行鞠躬礼；再将品茗杯放到喝茶的人前面，手指不能碰到杯的沿口，伸出右手，示意"请"；说敬语，如"爷爷，您请喝茶""老师，您请喝茶"。

给同辈奉茶，双手端好茶盘，面向同学，上身微前倾15°行鞠躬礼，奉上茶，说："同学，请喝茶。"

收具 将器具收回并整理。

第五节　演示型绿茶冲泡

生活型绿茶冲泡强调简单、快速地泡出一杯好茶汤，而演示型绿茶冲泡要求泡出一杯好茶汤的同时，还强调动作规范、礼仪到位、专心致志、有始有终，从而提高我们的专注力，养成良好的习惯。本节茶艺演示选用3个玻璃杯，用下投法冲泡同一款形状秀美、芽叶完整的名优绿茶。

茶席布具图

一、器具准备

| 玻璃杯（200毫升）、杯托 | 茶叶罐 | 水壶（内有85℃热水） | 茶荷、茶匙 |

| 茶巾 | 水盂 | 茶盘 |

把洗净、擦干的茶具摆放在茶盘中，称之为备具；把茶盘中的茶具布置到席面上，称之为布具。每一件器具在茶盘中和席面上都有固定的位置，那是它们的"小家"。

将3个玻璃杯倒扣在杯托上，置于茶盘右上至左下的对角线上，水壶放在右下角，水盂放在左上角，茶叶罐放于中间玻璃杯的前面，茶荷叠放在茶巾上，放于中间玻璃杯的后面。

备具图

二、冲泡流程

上场→放盘→行鞠躬礼→入座→布具→行注目礼→温杯→取茶→赏茶→置茶→润茶→摇香→冲泡→奉茶→收具→鞠躬行礼、退回。

1. 上场

身体放松，挺胸收腹，目光平视，大臂自然下垂，腋下空松，小臂与肘平，茶盘高度以舒服为宜，离身体半拳距离，右脚开步。

2. 放盘

左蹲姿，左脚在右脚前交叉，身体中正，重心下移，双手向右推出茶盘，放于茶桌上。双手、左脚同时收回，成站姿。

3. 行鞠躬礼

双手贴着身体，滑到大腿根部，头、背成一条直线，以腰为中心，身体前倾15°（如果客人是师长则身体前倾30°），停顿3秒钟，身体带着手起身成站姿。

4. 入座

左入座，左脚向前一步，右脚并上，右脚向右一步，左脚并上，身体移至凳子前，坐下。

5. 布具

从右至左布置茶具。

移水壶　右手握提梁，左手虚护壶身，意为双手捧壶表恭敬，从里至外沿弧线放于茶盘右侧中间。

移茶荷　双手手心朝下，虎口成弧形，手心为空，握茶荷，从中间移至右侧，放于茶盘后。

移受污　双手手心朝上，虎口成弧形，手心为空，托受污，从中间移至左侧，放于茶盘后。

移茶罐　双手捧茶罐，从两杯缝间，沿弧线移到茶盘左侧前端。

移水盂　双手捧水盂，放于茶罐右后侧，与茶罐成一条斜线。

翻杯　右上角杯为①号杯，依次翻杯。

布具完毕 3个品茗杯在茶盘对角线上；受污与茶荷放于茶盘后，不超过茶盘左右边框；茶叶罐与水盂在左侧，在茶盘的宽度范围内；水壶置于茶盘右侧中间。

6. 行注目礼

面对着品茗者，坐正，略带微笑，平静安详，用目光与品茗者交流，意为"我准备好了，将用心为您泡一杯香茗，请您耐心等待"。

7. 温杯

右手提水壶，往①号杯中逆时针注水至杯子的1/3处；手腕转动调整壶嘴方向，往②号杯逆时针注水至杯子的1/3处；腰带着身体略向左转，手腕转动调整壶嘴方向，往③号杯逆时针注水至杯子的1/3处，放回水壶。

双手捧起①号杯，转动手腕，温杯，弃水。

压一下受污，吸干杯底的水渍，放回杯托上，温②号、③号玻璃杯，动作与温①号杯相同。

8. 取茶

捧茶叶罐至胸前再开盖，向里沿弧线放下罐盖，右手持茶匙取茶，之后将茶匙搁于茶巾上，茶匙头部伸出，合盖，放回茶罐。

9. 赏茶

右手手心朝下，四指并拢，虎口成弧形，握茶荷，接着左手握茶荷，成双手握茶荷。左手下滑托住茶荷，右手下滑托住茶荷，成双手托住茶荷。

赏茶时，腰带着身体从右转至左，目光与品茗者交流，意为"这是制茶师用心制作的茶，我将用心去泡好它，也请您用心去品味它"。

10. 置茶

右手取茶匙，按顺序往①、②、③号杯中分别各置入2克茶。

将茶匙放于茶荷上，右手握茶荷，左手从下往上滑，向下握茶荷，放下茶荷。

11. 润茶

水温85℃，提水壶，斟水。逆时针注水至①号杯的1/4处，要求水柱细匀连贯。依次向②号杯、③号杯注水。注水毕，将水壶放回原处。

12. 摇香

双手捧杯，摇一摇，慢速旋转一圈，快速旋转两圈，依次将①、②、③号杯摇香后放回原处。

13. 冲泡

用定点冲泡法注水，向①号杯注水至2/3杯；调整壶嘴方向，向②号杯注水至2/3杯；调整壶嘴方向，再向③号杯注水至2/3杯；将水壶放回原处。

14. 奉茶

双手端茶盘至胸前，起身，从自己的左边走出。

给长辈奉茶，双手端好茶盘，面向长辈，上身微前倾30°行礼，恭敬地奉上茶。再说敬语，如"爷爷，您请喝茶""老师，您请喝茶"。

给同辈奉茶，双手端好茶盘，面向同学，上身微前倾15°行礼，奉上茶，说："同学，请喝茶。"

奉茶后，后退一步，行礼，品茗者再回礼。转身离开品茗者视线，移动盘内杯子，使杯子整齐排布在茶盘中，重心平稳，端盘至另一位品茗者前，继续奉茶。

15. 收具

从左侧进入或从右侧返回，放下茶盘入座。

从左至右收具，收具顺序与布具相反，最后一件从茶盘里移出的器具最先收回，即将水盂、茶罐、茶巾、茶荷、水壶依次放回茶盘原位。

16. 鞠躬行礼、退回

端茶盘，起身，左脚后退一步，右脚并上，行鞠躬礼，端盘退回。

三、注意事项

① 保持清洁；

② 确保安全；

③ 有始有终，做好收尾工作。

5

第一章　走进红茶大家族

　　红茶是我国主要茶类之一，为全发酵茶，富含多种有益身体健康的成分。让我们一起走进红茶大家族吧！

第一节　红茶家族成员

　　首先，我们来探究红茶红汤、红叶的原因，再一起来认识红茶家族中的"兄弟姐妹"。

一、绿色芽叶变红茶的秘密

1. 晒一晒（萎凋）

　　采摘后的茶树鲜叶，通过晒一晒蒸发一些水分，使叶片变得柔软；散发部分青草气味，透出清香气；增强酶的活性，促进鲜叶内含物质转化。晒一晒，专业上称为"萎凋"，分为室内自然萎凋、室外日光萎凋和萎凋槽萎凋等。

萎凋

2. 揉一揉（揉捻）

萎凋后的鲜叶需要揉一揉，目的是卷紧叶片，破坏鲜叶细胞组织，促进内含物质氧化。可以采用手工或揉捻机揉捻。

揉捻

3. 慢慢变红（发酵）

将揉捻叶解块后放在发酵筐内，在适当的湿度和温度条件下，揉捻叶会慢慢变红，这个过程叫发酵，是红茶加工的关键工序。发酵的目的是促进揉捻叶内含物质氧化，形成红茶红汤、红叶的品质特征。

4. 慢慢变干（干燥）

使用烘笼或烘干机烘干发酵好的芽叶，一是高温可以破坏蛋白酶，使芽叶停止发酵；二是逐渐蒸发水分，使芽叶慢慢变干，便于日常保存；三是进一步提高香气。干燥后的茶叶颜色乌黑油润，香气浓郁，条索紧结，用手揉一揉会变成粉末。

发酵

二、红茶大家族中的"兄弟姐妹"

根据制法不同和品质差异，红茶分为工夫红茶、小种红茶和红碎茶3个品类。

1. 工夫红茶

工夫红茶是我国传统红茶，种类多、产地广，分布于各主要产茶省份。工夫红茶以产地来命名，主要有滇红工夫、闽红工夫、宁红工夫、宜红工夫等。

干燥

滇红工夫

闽红工夫

宜红工夫

2. 小种红茶

小种红茶产于福建省武夷山市，按产区分为正山小种和外山小种。传统小种红茶制作有烟焙工序，茶有特殊的松烟香，茶汤有类似桂圆汤的滋味。现代小种红茶大部分无烟焙工序。

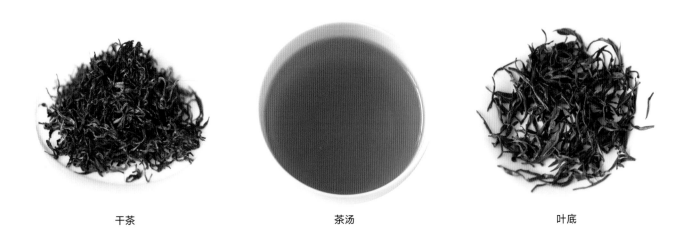

干茶　　　　　　　　　　茶汤　　　　　　　　　　叶底

3. 红碎茶

根据干茶的外形，红碎茶分为叶茶、碎茶、片茶和末茶。叶茶呈条状，碎茶呈颗粒状，片茶呈木耳形片状，末茶呈砂粒状；干茶色乌黑或红棕；茶汤呈鲜艳的红色，香气高，味道浓强、鲜爽。茶汤内加入适量的牛奶和白糖，便可以制成一杯香甜可口的奶茶。

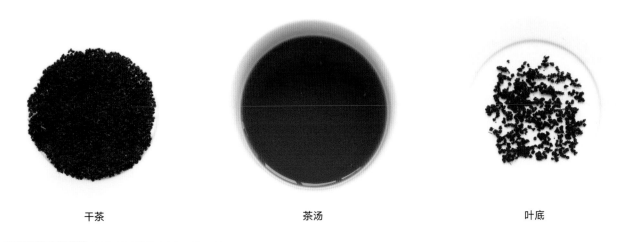

干茶　　　　　　　　　　茶汤　　　　　　　　　　叶底

第二节　红茶家乡之旅

我国红茶的种类繁多，产地分为传统红茶产区和新兴红茶产区。传统红茶产区主要包括安徽、云南、江西、湖北、四川、福建、湖南等地；新兴红茶产区主要有河南、贵州等地。下面我们来探访红茶的家乡吧！

一、探正山小种红茶的家乡

正山小种红茶起源于福建省武夷山市星村镇桐木村，该村位于武夷山国家级自然保护区的核心地带，产区内群山环绕，山高谷深，得天独厚的自然生态环境和特别的制茶工艺，造就了正山小种红茶独有的品质特征。

正山小种红茶是由武夷山茶农于清代创制的烟熏红茶，是世界上最早的红茶，因此被称为"红茶鼻祖"。17世纪，正山小种红茶由荷兰人传入英国，随即风靡英国皇室乃至整个欧洲。自那时起，正山小种红茶在欧洲成为中国红茶的代表，并逐渐推广成为世界性的饮料。清代，正山小种红茶的种植及加工技术逐渐传入国内各大茶区，最终形成了各地的工夫红茶。

桐木村茶园

武夷山市桐木关

二、访祁门红茶的家乡

祁门红茶简称"祁红"，是用祁门槠叶种茶树的鲜叶加工而成，风味独特，品质优良。其核心产区为安徽省黄山市祁门县，与其相邻的石台、东至、黟县等也有生产。祁门红茶分为祁门工夫红茶、祁门香螺、祁门毛峰。

祁门红茶茶园

黄山位于安徽省南部。祁门县地处黄山西麓，茶产区海拔300米上下，气候温和，降水丰沛，日照适度，植被茂密，土壤疏松、肥沃。良好的生态使得槠叶种茶树内含物丰富，适于制作红茶。

祁门县茶叶生产的历史悠久，早在唐代就有十分繁盛的茶市。在清光绪以前，祁门县只产绿茶而不产红茶。据史籍记载，1875年前后，徽州人胡元龙、余干臣等创制祁门红茶，距今已有100多年的历史。1915年，祁红获巴拿马万国博览会"金质奖章"。此后，祁红因其独特的香气、滋味和丰富的内含物质而享有盛誉。2022年11月29日，祁门红茶制作技艺被列入联合国教科文组织人类非物质文化遗产代表作名录。

三、寻滇红工夫红茶的家乡

云南滇红工夫红茶简称滇红，主要产自云南省的凤庆、临沧、保山、西双版纳、德宏等地，以香高味浓的特征驰名中外。

云南省位于我国西南地区，滇红产地属山地高原地形，位于滇西和滇南，产区内四季如春，拥有丰富的茶树种质资源。独特的生态和精湛的制茶工艺，成就了滇红浓、厚、鲜的特色。

云南是世界茶树的起源中心之一，拥有近百年的滇红生产历史。1939年，在云南凤庆试制滇红工夫红茶，试制成功的样品深受消费者的喜爱，滇红工夫红茶就这样在云南凤庆诞生了。随后，滇红生产不断发展壮大，使得云南成为我国重要的红茶生产地。2022年11月29日，滇红茶制作技艺被列入联合国教科文组织人类非物质文化遗产代表作名录。

凤庆滇红茶园

四、觅日月潭红茶的家乡

日月潭红茶是著名的台湾精品红茶，产自中国台湾省中部的南投县。

日月潭周边的茶区年降水量充足，四季温度适宜，但日夜温差大，环境非常适合大叶种茶树的生长与发育。

台湾于20世纪初开始生产红茶，初期以小叶种茶树鲜叶制作红茶，但市场反应不佳，直至1925年引进印度阿萨姆种茶树，在南投县鱼池乡进行试种与推广，并用其鲜叶制作红茶，最终制成了具有独特风味的日月潭红茶。

南投日月潭红茶茶园

第三节　红茶家族中的明星成员

红茶作为我国的传统茶类，因其香味甜醇而受到很多人的喜爱。不同的红茶产品具有不同的特点，下面让我们一起来认识工夫红茶家族中的十位明星成员吧！

一、祁门工夫红茶

祁门工夫红茶产自安徽省祁门县一带。祁门工夫红茶的干茶既紧又细，弯曲如眉，颜色乌黑油润；茶汤呈艳丽的红色，香气独特，可呈花香、果香和蜜糖香，被誉为"祁门香"，味道鲜醇带甜。

干茶　　　　　　　　　　　茶汤　　　　　　　　　　　叶底

二、滇红工夫红茶

滇红工夫红茶产自云南省凤庆、临沧等地，采用云南大叶种茶树鲜叶制作而成。干茶的外形肥壮、紧结，颜色乌褐，富有金黄色的茸毫；茶汤红艳，带有像金项链一样的金圈，味道鲜爽、浓厚。

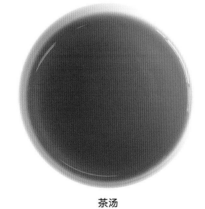

干茶　　　　　　　　　　　茶汤　　　　　　　　　　　叶底

三、宜红工夫红茶

宜红工夫红茶产于湖北省宜昌、恩施等地。干茶的外形紧结，弯曲有毫，色泽乌黑而油润；茶汤呈亮丽的红色，香气甜纯，味道鲜爽。

干茶　　　　　　　　　　　茶汤　　　　　　　　　　　叶底

四、宁红工夫红茶

宁红工夫红茶是我国最早生产的工夫红茶之一，主产于江西省修水县。干茶的外形细紧，颜色乌黑；茶汤呈明亮的红色，香气清甜且持久，味道醇厚而甜。

干茶　　　　　　　　　　　茶汤　　　　　　　　　　　叶底

五、川红工夫红茶

川红工夫红茶产于四川省宜宾市等地。干茶的外形壮实、紧结，带有金色的茸毫，颜色乌黑而油润；茶汤红且明亮，香气清新，带有橘子糖香，味道醇厚鲜爽。

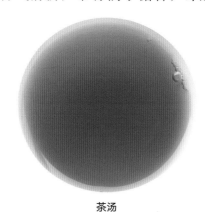

干茶　　　　　　　　　　　茶汤　　　　　　　　　　　叶底

六、坦洋工夫红茶

坦洋工夫红茶产于福建省福安市。干茶的外形细长、整齐，有金毫，乌黑色带光泽；茶汤呈深金黄色，甜香纯正，味道清鲜、甜和。坦洋工夫红茶是闽红工夫红茶中的一种。闽红工夫红茶还有产于福鼎市的白琳工夫红茶，产于政和县的政和工夫红茶。

干茶　　　　　　　　　　　茶汤　　　　　　　　　　　叶底

七、越红工夫红茶

越红工夫红茶产于浙江省绍兴市。干茶的外形紧细、直、匀整，色泽乌黑带润；茶汤呈较浅的亮红色，香味纯正。

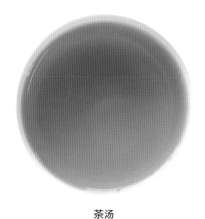

| 干茶 | 茶汤 | 叶底 |

八、九曲红梅茶

九曲红梅茶，简称九曲红，产于浙江省杭州市西湖区。干茶的外形细紧，弯曲如月，带有金色的茸毫，色泽乌黑油润；香气、味道醇和，茶汤呈明亮的红色。

| 干茶 | 茶汤 | 叶底 |

九、英德红茶

以英红九号为代表的英德红茶产于广东省英德市。干茶芽叶壮实，紧结弯曲，乌褐油润，金毫显露；汤色红艳，香气以甜香为基调，兼具毫香和独特的花香，滋味浓醇甜爽。

| 干茶 | 茶汤 | 叶底 |

十、日月潭红茶

　　日月潭红茶产于台湾省南投县。干茶壮实、紧结、弯曲、匀整，具有金黄色的茸毫，呈紫黑色或暗红色；茶汤红艳、澄清，具有花果香，香气高且持久，味道浓厚鲜爽。

干茶

茶汤

叶底

第二章　爱上中国茶

"开门七件事，柴米油盐酱醋茶"，茶是中国人生活的一部分。茶可以喝，还可以制作茶点心，好喝又好吃，特别有意思，因此，中国人热爱有茶的生活。

第一节　饮茶趣闻

从古至今，许多人与茶结缘，不仅留下许多吟茶咏茶的诗篇，还留下不少有趣的茶故事。

一、"快递"泉水来煮茶

宋代的《斗茶记》中提到，有一个对煮茶用水特别讲究的人，叫李德裕，是唐朝的一位宰相，住在京城长安（今陕西省西安市）。他平日喜爱喝茶，煮茶就要用水，可他却不喜欢用长安城里的水，那他用哪里的水呢？他要用无锡的惠山泉水（惠山泉曾被后世的乾隆皇帝封为"天下第二泉"）。可是，无锡离长安很远。为了能够喝到惠山泉水，李德裕不惜花费巨资派专人将惠山泉水通过驿站"快递"至长安，这样，他就可以用惠山泉水煮茶了。其实，各地都有适合煮茶的水，这样千里递水，也太奢侈了。

惠山泉（天下第二泉）

二、父贵因茶白，儿荣为草朱

在宋代，徽宗皇帝赵佶开创了贡茶封赏的先河，如果进贡的茶叶被皇帝赏识、喜爱，进贡茶叶者就能当官。

当时，不仅徽宗皇帝天天喝茶，整个宫廷都流行斗茶，如此一来，皇宫对茶叶的需求大大增加，很多大臣都开始进贡好茶。有一位叫郑可简的大臣进贡了一款名叫"龙团胜雪"的茶，沫饽的颜色发白，白得像雪，非常稀有，徽宗皇帝很是喜欢，郑可简便靠着这款茶升官了。

于是，尝到甜头的郑可简继续投其所好。他让自己的侄子千里到各地寻找好茶，千里不负所望，经过长期的跋山涉水，终于找到了一种名叫"朱草"的好茶，给了郑可简。郑可简却藏了私心，让他的儿子待问拿着"朱草"进京献给徽宗皇帝。果然，待问也因这珍稀的"朱草"得了官职。虽然待问因为贡茶当了官，但老百姓却并不认同他的行为，民间用一句"父贵因茶白，儿荣为草朱"来讽刺他们的投机行为。

三、赵州和尚"吃茶去"

"吃茶去"这句话，既是我们中国人以茶待客，用茶来邀约朋友的一句常用语，也是禅林法语。这里就不得不提唐代从谂禅师的故事了。

唐代赵州观音寺的从谂禅师是一位高僧，后人称他为"赵州古佛"。他不仅自己爱喝茶，而且积极提倡饮茶。他每次说话之前，总要说一句："吃茶去。"

有一次，两位僧人从远方来到赵州，向从谂禅师请教佛法，他问其中的一个人，"你以前来过吗？"那个人回答："没有来过。"从谂禅师说："吃茶去！"接着，从谂禅师转向另一个人，问："你来过吗？"这个人说："我曾经来过。"从谂禅师说："吃茶去！"这时，引领那两个僧人的院主好奇地问："禅师，怎么来过的，你让他吃茶去，未曾来过的，你也让他吃茶去呢？"这时候，从谂禅师叫了一声这位院主的名字，院主答应了一声，从谂禅师说："吃茶去！"从谂禅师用"吃茶去"，回应了三个不同的人，既平常又颇有深意。

古人认为，喝茶有多种好处：坐禅的时候，茶可以提神；吃得太饱的时候，茶可以助消化；心烦的时候，茶可以静心，帮助人心境平和。这也是从谂禅师常常把"吃茶去"挂在嘴边的原因吧。

第二节 红茶制作的点心

红茶"红汤红叶"，甜香可口，是人们喜欢喝的茶类之一。那么用红茶制作的茶点是什么样的呢？不妨一起来试试。

一、红茶曲奇

1. 特点

红茶曲奇采用红茶粉、低筋面粉、黄油、牛奶、鸡蛋等原料制作而成，既具有黄油的浓郁奶香，又有红茶醇厚的甜香，口感酥松、香甜。这是一款适合在寒冷的冬季增加热量的点心。

2. 配方

低筋面粉230克，红茶粉20克，糖粉90克，黄油200克，鸡蛋25克，牛奶70克，盐1克。

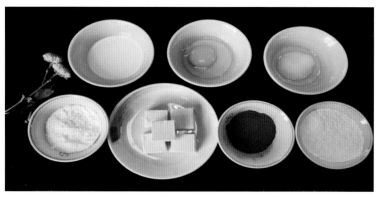

3. 制作流程

① 面糊调制。将黄油融化，和糖粉、盐混合搅拌打发，加入鸡蛋搅拌均匀，再加入牛奶搅拌均匀，最后加入低筋面粉和红茶粉混合均匀。

 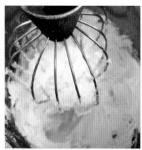  

② 裱挤成型。将面糊装入裱花袋，逐一挤入烤盘中制成曲奇坯。

③ 烘焙。将烤盘置于烤箱中，用上火180℃、下火165℃烘烤20～25分钟。取出冷却即可。

4. 注意事项

黄油和糖粉要搅拌至发白；低筋面粉和红茶粉搅拌前要过筛；曲奇坯要大小均匀、厚薄一致。

二、红茶蛋糕

1. 特点

红茶蛋糕用红茶的茶汤制作，口感松软、香甜美味，油脂含量低，不用担心摄入高热量。无论在口感、色泽和营养上，这款蛋糕都相当出色。

2. 配方

低筋面粉140克，鸡蛋250克（约4个），红茶20克，色拉油20克，幼砂糖140克，奶粉30克，打发的淡奶油300克。

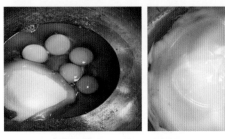

3. 制作流程

① 面糊调制。红茶用40毫升开水冲泡5分钟后冷却待用。

将鸡蛋和幼砂糖搅拌至泡沫厚稠；加入低筋面粉、奶粉搅拌均匀；再加入30毫升红茶茶汤和色拉油搅拌均匀；倒入已刷油、垫纸的模具中。

② 烘烤。将模具置于烤箱中，温度170℃，烘烤25～30分钟。

③ 装饰。蛋糕冷却后脱模，表面裱挤上打发的淡奶油，用水果装饰即成。

4. 注意事项

低筋面粉要过筛；搅拌时手法要轻柔；避免消泡。

三、九曲红梅糕

1. 特点

九曲红梅糕用九曲红梅的茶汤和糯米粉、粳米粉一起制作而成，具有红茶芬芳的香气和米糕软糯香甜的口感。

2. 配方

水磨糯米粉100克，水磨粳米粉100克，幼砂糖60克，九曲红梅茶20克，豆沙100克。

3. 制作流程

① 制粉。九曲红梅茶用150毫升开水冲泡后，过滤，取92毫升茶汤，冷却待用。将糯米粉、粳米粉、幼砂糖混合均匀，加入茶汤，搓成均匀的颗粒，过20目的筛子。豆沙分制成若干小粒。

② 成型。取模具，将过筛后的米粉筛于模具上，中间嵌入小颗豆沙，再筛米粉，刮平、轻压。在蒸笼里垫上蒸笼纸，将模具中的米糕反扣在笼纸上，轻敲模具、脱模。

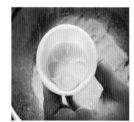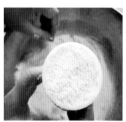

③ 蒸制。锅中水烧开后放上蒸笼，中火蒸六七分钟即可。

4. 注意事项

米粉筛入模具后要轻压；敲模的动作要用力适当；蒸的时候要控制好时间。

第三章　习交往礼仪

好客是中华民族的传统美德。孔子说："有朋自远方来，不亦乐乎。"宾主相见，彼此间的热情、坦诚、友好都是好客的文明体现。

第一节　会客礼仪

请客和做客是生活中最常见的人际交往形式。在生活中，我们有时是主人的身份，有时又是客人的身份。不同的身份要遵从不同的礼仪规范。

一、邀请

可以当面邀请客人，也可以通过打电话、寄送邀请函等方式邀请客人。自制的茶会邀请函会显得特别用心。邀请函中应说明邀请的理由、活动的时间和地点，以及参加茶会的要求。要提前向客人发出邀请，尽可能让对方有充足的时间做准备，避免临时性的邀约。如果活动因故取消或者延期等，要及时通知客人。

应特别注意，如果是通过打电话邀请，要避开午休的时间。当然，过早或者过晚也不宜致电客人。在接打电话时，要当作对方就在自己的面前，不仅要规范地使用礼貌用语，还要保持笑容。要在电话里说清楚活动的时间、地点等，谈话结束前可以再次确认关键信息。

二、会客

会客时，尽量体现主人的热情和真诚，让客人有宾至如归的感觉。

① 见到客人要先主动称呼、行礼致敬。

② 如在门外迎客，见到客人要快步上前，以示欢迎。

③ 和客人一起进门时要主动为客人开门，让客人先行。

④ 如接受客人的馈赠要双手接过，表示感谢。

⑤ 进门后要先为客人安排合适的座位。

⑥ 为客人奉茶以后，主人也要坐下。

⑦ 当客人离开时，要和客人告别，送至门口或目送离开。

⑧ 如客人馈赠了礼品，应在客人临走时回赠合适的礼物。

第二节　拜访礼仪

拜访，有看望、访问的意思，是一种主动的、表达敬意的行为。所以，无论是受邀做客还是主动拜访，都要遵守一定的礼仪规范。

一、受邀

如果是受邀拜访，应先表示感谢并尽快回复自己能否参加，以便对方安排。如果不能赴约，要客气地说明理由。既不赴约，又不说明理由，是很不礼貌的。

在人际交往中，守时很重要。如果已经约定参加茶事活动，却临时因故无法前往或可能迟到，应提前告知主人。如果真迟到了，不要干扰正常活动，先在不妨碍他人的地方坐下，等到中间休息的时候再和主人打招呼。

赴约之前务必仔细阅读邀请函，了解茶事活动的细则。要尊重邀请方的安排，遵守相关的约定。

二、做客

做客时，要对自己的行为有所约束。作为客人，需要给予主人更多的包容和赞美。如果主人在招待过程中有做得不够到位的地方，我们要多多体谅，接受主人全心全意款待客人的心意。

① 如果是正式的拜访，要准备一份礼物，以示礼貌。

② 到达主人家门前，轻按门铃或敲门，敲门时要把握好力度和节奏，切忌用力敲门或用脚踹门。如遇雨天，需妥善放置雨具。

③ 进门后要主动问候长辈，离开的时候也要跟长辈告别。

④ 如果有同行的客人，放置衣帽或物品时不要压在别人的衣服上面。

⑤ 当主人为我们奉茶时，应立即欠身双手接受。有时主人为安全将茶杯放在桌上并示意请茶，我们可将茶杯移动少许，说"谢谢"。

⑥ 茶汤过热时可放置一会儿再喝，不要一边吹一边喝。喝茶时要慢慢品饮，不要发出声音。

⑦ 主人提供的茶品、茶点都要认真品尝，认真体会主人的一番心意，并且适时地赞美。

⑧ 在欣赏茶具等易碎物品时，要先征得主人的同意，在观赏时手肘始终不离开桌面，确保安全。

⑨ 不擅自拿取、翻阅主人的任何物品。

⑩ 尽量不给主人添麻烦或提出额外的要求。

三、告辞

做客者必须适时告辞，不能因为玩得开心就忘记了时间。通常来说，主人是不能请客人离开的，那样就太失礼了。但作为客人，也要懂得适可而止。

① 茶事活动都有明确的活动时间，活动结束后就应该主动告辞。如果只是日常拜访，主人没有事先安排用餐，那么到了用餐时间就应该起身告辞。另外，当有其他人来访时也应尽快告辞。

② 如果在拜访中出现一些"状况"，拜访者也要及时告辞。

③ 当主人表现出非常疲倦的样子，或者主人的长辈安排其他事情的时候，也要及时告辞。

④ 当主人送行的时候，可以说"请留步""打扰了"，并表示感谢。

⑤ 说完再见不应扭头就走，通常还要回顾再三，以表示依依不舍。

第四章　泡一杯暖暖的红茶

甜和的香气和滋味，红红的茶汤，给人一种温暖的感受，这就是暖暖的红茶。让我们泡一泡，尝一尝吧。

第一节　品一品红茶

甜香是红茶共有的优良品质特征，不同品种的茶树鲜叶加工而成的红茶，其形状、颜色、香气、滋味会有很大差别。

一、红茶的形状

大叶种茶树鲜叶加工的红茶外形会很壮实，中小叶种茶树鲜叶加工的红茶外形就很细小。

红茶的形状没有绿茶那么丰富。通常我们看到的红茶的外形，有的是笔直的，像一段长铅笔芯；有的是弯弯的，像扭曲的粗棉线；有的是圆圆的，像一颗颗的赤豆；还有的是碎碎的，就像海滩上的沙子。

二、红茶的颜色

红茶干茶和茶汤的颜色有很大的不同。我们冲泡红茶时，可以观察到这种神奇的差别。

1. 干茶

红茶的干茶颜色大多是乌黑或者棕褐色，有的看上去像被油浸润过，称为"油润"，代表着新鲜、品质好。有些红茶的干茶上有许多茸毫，并呈现出很漂亮的金黄色，茸毫越多，金黄色就越明显，这是茶叶原料细嫩的表现。

2. 茶汤

因为品种和嫩度不同，红茶茶汤的颜色有的金黄，有的橙红，有的红艳。无论是金黄还是红艳，透明干净才算品质好的红茶茶汤。

三、红茶的香气

红茶冲泡后散发的香气都会有一种"甜"的感觉，这是因红茶特有的加工工艺形成的。

1. 甜香

甜香是红茶最常见的香气，称得上是红茶的代表性香气类型。这种"甜"的香气，有的像蜂蜜，有的像水果，还有的像坚果，大家都很喜欢。

2. 花香

自然的、好闻的花香，可以算是红茶中最好的一类香气。因为品种、产地的不同，冲泡后，优质红茶的香气有的像玫瑰花香，有的像桂花香，这些都是让人愉悦的香气。

3. 焦糖香

如果红茶加工过程中加热温度偏高，会使红茶在冲泡时散发的香气有点像红糖的气味，也有点像烘焙的焦糖饼干的气味，这就是大家常说的焦糖香。这种香气有的人很喜欢，有的人不太喜欢，这就是各有所好啦。

四、红茶的味道

甜醇、爽口是红茶味道基本的表现。然而，有的红茶味道很浓烈，有的很柔和。红茶味道以新鲜为佳，如果出现熟闷的味道，说明品质已经下降。

1. 甜

在六大茶类中，红茶"甜"的味道表现是最明显的，加上红亮的茶汤颜色和甜香气味，红茶给人们一种暖和、喜庆的感受。

2. 爽

红茶与绿茶一样，要求味道新鲜，新鲜才能出现"爽口"的感觉。"爽"并不是像青草一样的生青，也不是让人难受的涩。

3. 浓

浓，表明茶汤里形成味道的物质含量丰富，茶味明显。通常大叶种的红茶味道会感觉浓，而中小叶种的红茶，味道相对浓度会低一些。

第二节　辨一辨不同的水

我们已经学习了用自来水与饮用纯净水泡茶。除自来水和饮用纯净水之外，还有哪些水能用来泡茶呢，味道又如何？这一节，我们一起试一试饮用天然水和饮用天然矿泉水吧！

一、饮用天然水与饮用天然矿泉水

1. 饮用天然水

泉水、江水、湖水、井水、雨水、雪水等都属于天然水。在古代，天然水可作为人们的饮用水源，但由于现在的环境发生了较大变化，有些水源受到污染，天然水一般不直接饮用。

饮用天然水是以井水、山泉水、水库水、湖水等地表水或地下水为水源，通过消毒杀菌等处理后，密封于包装容器中，可供直接饮用的水。

山泉水

2. 饮用天然矿泉水

饮用天然矿泉水指从地下深处自然涌出或经钻井采集，含有一定量的矿物质、微量元素或其他成分，在一定区域内未受污染并采取预防措施避免污染的水。饮用天然矿泉水怕光照，一旦开封饮用，应尽快喝完。

饮用天然矿泉水

二、辨一辨

1. 辨一辨常温的水

通过看一看、闻一闻、尝一尝，比较一下饮用纯净水、饮用天然水和饮用天然矿泉水有什么区别。

2. 不同水泡同一款红茶

称取三份每份3克的红茶，分别用饮用纯净水、饮用天然水和饮用天然矿泉水来冲泡，品尝茶汤并判断滋味是否有不同。

三杯茶区别如下：

茶汤色、香、味	饮用纯净水（①）	饮用天然水（②）	饮用天然矿泉水（③）
汤色	透亮	透亮稍深	颜色偏深
香气	正常	基本无影响	香气偏低
滋味	正常	基本无影响	滋味新鲜感下降

注：结果仅针对本次实验，不同实验材料可使结果有所不同。

第三节 试一试茶器

泡饮红茶一般选用内壁为白色的瓷茶具，白色的内壁可以与红色的茶汤形成鲜明的对比，使汤色看起来更加漂亮。

瓷茶具质地致密，吸水性小，传热、保温性能适中。常用的瓷茶具包括瓷茶壶、瓷公道杯、瓷品茗杯等。下面一起来认识一下这些茶器吧。

一、茶壶

1. 茶壶的类型

茶壶是泡茶的主要器具。茶壶种类繁多，根据壶把样式的不同，可以把茶壶分为侧把壶、握把壶、无把壶。

| 侧把瓷壶 | 握把瓷壶 | 无把瓷壶 |

2. 茶壶的选择

选择一把合适的茶壶，有助于我们泡出一杯杯香甜的茶汤。在选择茶壶时要注意以下几点：

（1）首先，看看茶壶的整体是否完好

看壶盖、壶口、壶身、壶嘴、壶把等是否完好，做工是否精细，茶壶是否有磕碰、变形等。

（2）其次，试试茶壶的大小是否合适

可以用手轻轻拿起茶壶，试试大小，感受下重量，检查下重心是否合适。无论是什么茶壶，使用起来要顺手、省力、重心稳定。

（3）第三，要检查茶壶出水是否流畅

在挑选茶壶时，可以盛入清水，试一试出水是否流畅，断水是否干净。

| 茶壶出水 | 茶壶断水 |

（4）最后，检查茶壶的气密性是否良好

我们可以按下列步骤做气密性试验，检查茶壶气密性，若如后两图则为气密性良好。

| 单手持茶壶 | 食指按住气孔不流水 | 松开食指则水流通畅 |

二、公道杯

1. 什么是公道杯

公道杯是用来盛放茶汤、分茶的器具，因为具有均匀茶汤浓度的功能，也叫公平杯、匀杯。

2. 公道杯的类型

有把公道杯　　　　　　　无把公道杯

公道杯按照有无把柄可以分为无把公道杯、有把公道杯；或以材质分为瓷公道杯、玻璃公道杯等。

三、品茗杯

品茗杯是泡茶后用来盛放、饮用茶汤的小杯子。根据杯口形状，品茗杯可以分为敞口杯、直口杯、收口杯等。

敞口杯　　　　　　　　　直口杯　　　　　　　　　收口杯

四、杯托

杯托是承托茶杯的器具。首先，我们来听一则关于杯托的小故事吧。

早在1200多年前的唐代，蜀相崔宁的女儿在饮茶时怕茶杯烫着手指，于是她让身边的丫鬟用小碟托住茶杯，但是喝茶时杯子却容易倾倒。为了解决这个问题，她就在碟心用蜡捏成刚好嵌住杯底的小环，这样喝茶时既避免了杯子晃动倾倒，又可以避免被烫。崔宁看见后十分高兴，称它为托，并且与亲朋好友分享。杯托从此便流传开来，沿用至今。随着时间的推移，杯托的样式也不断创新，形成了各种各样的款式。

各种杯托

第四节 生活型红茶冲泡

以金骏眉为例，选用白瓷茶壶、白瓷公道杯和品茗杯，泡出一壶香甜的茶汤。

一、浓茶与淡茶

1. 稍浓的茶汤——泡给师长喝

一杯香茶敬师长，表达敬意。奉给师长的茶汤要比同学们平时喝的茶汤滋味稍微浓一些，茶汤醇厚甘润，更适合师长品饮。

以金骏眉为例，选用120毫升容量的瓷壶，建议投放4克红茶。水温：85℃。浸泡时间：第一泡40秒，第二泡20秒，第三泡30秒，这样三泡浓度基本一致，浓淡适宜。

2. 稍淡的茶汤——泡给同学喝

有茶相伴，健康成长。处于少年时期的同学们身体正在快速成长，适量吸收淡茶中的有效物质，有益于身体健康。

以金骏眉为例，选用120毫升容量的瓷壶，建议投放2克红茶。水温：85℃。浸泡时间：第一泡40秒，第二泡15秒，第三泡30秒。

二、器具准备

准备白瓷茶壶、白瓷公道杯各1个，白瓷品茗杯3个。茶壶的容量一般是4～6杯（品茗杯）茶汤的总容量，可以根据人数选定茶壶。准备茶巾1条，茶荷、茶匙和茶匙架、水盂、水壶、壶承各1个。具体可参照下图。

备具图

三、冲泡流程

赏茶→温具→置茶→温润泡→摇香→冲泡→沥汤→分茶→奉茶→收具。

赏茶

温具

置茶

温润泡（用少量水浸润茶叶）

摇香

冲泡

沥汤

分茶

奉茶　　　　　　　　　　　　　　　　　　　　　　　　**收具**　将茶器收回并整理。

第五节　演示型红茶冲泡

演示型红茶冲泡与生活型红茶冲泡，其共同的核心是泡出一杯好喝的茶汤。演示型红茶冲泡，同时又强调动作的规范性和仪式感，适合在大型活动中演示。

演示型红茶冲泡参数

茶样	投茶量	水温	注水量	浸泡时间
祁红	2克	85℃	120毫升	1分30秒

一、茶器准备

将茶叶罐、茶壶、公道杯放置于茶盘左侧，3只品茗杯呈三角形置于茶盘中前方，茶则叠放于茶巾上，置于品茗杯后面，布置水壶、水盂于茶盘右侧。

备具图

二、冲泡流程

上场→入座→行礼→布具→取茶→赏茶→温具→置茶→温润泡→摇香→冲泡→沥汤→分茶→奉茶→行礼→退场。

1. 上场

身体放松，挺胸收腹，目光平视，大臂自然下坠，腋下空松，小臂与肘平，茶盘高度以舒服为宜，离身体半拳距离。

2. 入座

3. 行礼

身体前倾10°。

4. 布具

将茶具有序摆放好。

5. 取茶

从茶叶罐中取2克茶叶倒入茶荷中。

6. 赏茶

双手捧取茶荷，请品茗者赏茶，然后放回原位。

7. 温具

右手持水壶向茶壶内注入六分满热水，温壶后将茶壶内的水弃入水盂。

8. 置茶

打开壶盖，将茶则里的茶投入茶壶。

9. 温润泡

注入1/3壶85℃的热水，盖上壶盖。

10. 摇香

双手轻轻拿起茶壶，先逆时针缓慢摇动茶壶一圈，再快速摇动茶壶两圈，放回。

11. 冲泡

打开壶盖，注水至满，然后向公道杯内注入适量开水，放回水壶，轻轻盖好壶盖，然后温热公道杯、品茗杯。

12. 沥汤

13. 分茶

将茶壶里的茶汤沥入公道杯（浸泡时间为1分30秒）。

再将公道杯里的茶汤分入品茗杯。茶盘中只放三杯茶，摆放好，如右图。

14. 奉茶

先行鞠躬礼，右手端起杯托。

将品茗杯送至品茗者面前，再伸出右手，微笑示意"请用茶"。

15. 行礼

品茗结束时，收具后端盘起身，立于凳子右侧或左侧，行鞠躬礼。

16. 退场

退回

三、注意事项

1. 积极乐观

泡茶者的表情对品茗氛围有着直接的影响，积极乐观的精神面貌能有效调节氛围。

2. 心怀敬意

鞠躬是泡茶者对品茗者表达尊重的礼仪动作，在行礼时要心怀敬意，动作轻缓到位。

3. 动作熟练

熟练的泡茶动作是练就一身精湛技艺的必要基础，在泡茶时动作连贯、轻缓有序，能给人以美的享受。

第一章 走进青茶大家族

青茶，又称为乌龙茶，为中国六大茶类中的一类，它的香气馥郁，似花香、果香；它的滋味醇厚，有韵味。

第一节 青茶家族成员

青茶是介于不发酵的绿茶和全发酵的红茶之间的半发酵茶。青茶主要产于福建、广东与台湾，分为闽北乌龙茶、闽南乌龙茶、广东乌龙茶与台湾乌龙茶四大品类。

一、绿色芽叶变成青茶的秘密

青茶的加工工艺流程为：鲜叶采摘→萎凋→做青（摇青与晾青反复交替进行）→杀青→揉捻→干燥。

青茶加工的关键工序是做青，通过做青可以激发茶鲜叶中酶的活性，使加工出来的青茶滋味醇厚，具天然花果香，叶底呈现"绿叶红镶边"的特点。

1. 采一采（采摘）

制作青茶要求鲜叶有一定的成熟度，待新梢顶芽全部开展而形成驻芽时采摘，称为"开面采"，一般采摘较为成熟的开面3、4叶嫩梢为原料。

鲜叶采摘

开采面，按新梢伸展程度分为小开面、中开面、大开面。① 小开面：指驻芽新梢顶部第一叶片的叶面积为第二叶的1/3～1/2。② 中开面：指驻芽新梢顶部第一叶的叶面积约为第二叶的1/2～2/3。③ 大开面：指驻芽新梢顶部第一叶的叶面积约为第二叶的面积。

小开面　　　　　　　　中开面　　　　　　　　大开面

春季鲜叶持嫩性较好，以采摘中开面为主；秋季气候干燥，鲜叶持嫩性差，以采摘小开面为主。

2. 晒一晒（萎凋）

萎凋适度的指标为：叶态柔软，伏贴；鲜叶失去光泽，叶色转暗绿；叶背色泽"鱼肚白"特征明显突出；手持茶梢，可见顶叶下垂。

萎凋　　　　　　　　　　　萎凋适度的叶子

3. 摇一摇、晾一晾（做青）

做青是摇青、晾青多次反复交替的工序。摇一摇，晾一晾，是很有挑战性的工艺，只有摇得好、晾得好，才能产生怡人的香味。

做青

摇青

晾青

做青适度的叶子

4. 炒一炒（杀青）

做青叶入锅，以发出连续不断的啪啪响声为标准，锅温一般在280～320℃。

经过萎凋和做青，做青叶含水量较少，叶质脆硬，宜采用高温快炒，少透多闷，使叶温快速升高，适当蒸发水分，但又要保持叶质柔软，使得揉捻时不分离，同时不产生闷味。通过高温杀青，使青臭气散发，花果香气逐渐显露；此外，还可适量蒸发水分，便于揉捻做形。

杀青

5. 揉一揉（揉捻）

杀青叶通过揉捻可形成条状。可以手工揉，也可以用机器揉。

揉捻

6. 包一包（包揉）

铁观音等圆结形、紧卷形青茶的制作需要通过包揉做形。包揉前，要选一块方形包揉布，定量称取包揉叶，放在方形包揉布上，将包揉布四周收紧，这样就把包揉球做好了。接着，就可以开始包揉了。目前，生产中大部分用机器包揉。

武夷岩茶、凤凰单丛等条形青茶的制作不需要这个工序。

平板包揉（颗粒型青茶加工）

7. 烘一烘（干燥）

包揉叶通过炭火烘焙或电热烘干，提升茶香，散发水分。茶叶含水率控制在5%～7%，有利于贮藏。

炭焙

二、青茶家族中的"兄弟姐妹"

青茶有四大经典代表，分别是闽北乌龙茶、闽南乌龙茶、广东乌龙茶和台湾乌龙茶。

1. 闽北乌龙茶

主要有武夷岩茶、闽北水仙等。武夷岩茶有大红袍、水仙、肉桂、名丛，名丛有石乳、金凤凰、红孩儿、老君眉、雀舌等。武夷名丛的命名很有特色，有的因其叶子的形态而得名，有的因其生态环境而得名，有的因其香味特点而得名，有的因其带有神话色彩而得名等。

2. 闽南乌龙茶

主要有安溪铁观音、闽南色种、闽南水仙、永春佛手（也叫永春香橼）、平和白芽奇兰等。

3. 广东乌龙茶

主要有凤凰单丛、岭头单丛、石古坪乌龙等，香气类型十分丰富。

4. 台湾乌龙茶

主要有冻顶乌龙茶、文山包种茶、东方美人茶等。

| 闽北乌龙茶 | 闽南乌龙茶 | 广东乌龙茶 | 台湾乌龙茶 |

第二节 青茶的家乡之旅

我们了解了青茶的大家族后，一定想知道它们分别来自哪些地方。让我们走进青茶的家乡吧。

一、探大红袍的家乡

武夷岩茶是指在武夷山市行政区域范围内、独特的武夷山生态环境条件下，选用适宜的茶树品种进行繁殖和栽培，并用独特的、传统的加工工艺制作而成，具有岩骨花香品质特征的青茶。

武夷山是大红袍的发源地。相传古时候有个秀才进京赶考，路过武夷山时突然生病倒地，正好被天心寺方丈看到，于是扶他到寺庙中，方丈取出自制的九龙窠茶叶，泡了一碗浓香的茶汤，让秀才徐徐饮下。没几天，秀才身体就恢复了。后来，秀才考上了状元，并被皇上招为驸马。但他念念不忘天心寺方丈的救命之恩，专程来到了武夷山面谢方丈，并要了一罐九龙窠的茶叶。回到京城，恰遇皇后患病久治不愈，状元便让侍者煮茶，请皇后饮用，很快，皇后的身体康复了。皇帝龙颜大悦，赐状元一件大红袍，命他亲自去九龙窠披在茶树上，以示隆恩。大红袍茶因此而得名。

清代陆廷灿《续茶经》中引王草堂《茶说》："武夷茶……茶采后以竹筐匀铺，架于风日中，名曰晒青。俟其青色渐收，然后再加炒焙……茶采而摊，摊而摝，香气发越即炒，过时不及皆不可。既炒既焙，复拣去其中老叶枝蒂，使之一色……"这种经晒、摊、摇、炒的制法，即属青茶制作工艺，至今武夷岩茶的制作还延续着这种传统工艺。

武夷山碧水丹山孕育了武夷岩茶的岩骨花香。武夷岩茶以武夷山风景名胜区内的"三坑两涧"核心产地最为出名（牛栏坑、慧苑坑、大坑口、流香涧、悟源涧）。知名的窠有九龙窠、竹窠等，知名的岩有天心岩、马头岩、佛国岩等。

牛栏坑为三坑之一，全长2公里，有60亩茶园，主要种植肉桂，是名丛水金龟的原产地。坑内幽谷深深，涧水长流，光线柔和，所产岩茶香气馥郁，滋味醇厚，岩韵明显。

流香涧为两涧之一，是一条与三坑垂直走向的溪流，其溪水来源之一为倒水坑，石刻处有一米宽的清凉峡，两侧石头直立夹峙，为河流袭夺形成的代表地貌之一。

九龙窠母树大红袍

流香涧清凉峡

牛栏坑茶园

武夷山风景区茶园

二、访铁观音的家乡

铁观音的产地在福建省安溪县。安溪县自然条件优越，产茶历史悠久，茶叶品质优良。2004年，铁观音被列为国家原产地域保护产品，2006年成为地理标志登记产品。安溪铁观音以乡镇划分，产地有西坪、感德、祥华、芦田、长坑、龙涓等，据《安溪县志》记载，清雍正年间，铁观音发源于福建省安溪县的西坪尧阳。西坪的铁观音茶音韵明显；感德的铁观音芬芳、鲜爽、甘醇；祥华的铁观音茶汤厚，高山韵明显。

关于铁观音的由来，广泛流传着两个神奇的传说，分别是"魏说"（观音托梦）与"王说"（乾隆赐名）。

"魏说"：相传，清雍正三年（1725年）前后，西坪尧阳松林头（今西坪镇松岩村）的老茶农魏荫勤于种茶，他每天在观音像前敬奉清茶。一天，魏荫梦见自己在石缝中发现了一株茶树。第二天，他在观音仑打石坑的石隙间，发现一株如梦中所见的茶树，就将茶树移植回家，悉心培育。这株茶树鲜叶制成的茶品质特异，香韵非凡。他认定此茶为观音托梦所获，故称之为铁观音。

"王说"：相传，西坪尧阳南岩（今西坪镇南岩村）有位仕人叫王士让。一日，王士让见荒园中有株茶树异于其他，就把茶树移植到南轩（书房）外，精心培育、采制，做成的茶香气馥郁，滋味醇厚。乾隆六年（1741年），王士让奉召赴京，以此茶馈赠礼部侍郎方苞。方苞认为这种茶滋味非凡，就献给皇帝。乾隆皇帝

安溪县感德茶园

饮后甚喜，认为此茶乌润结实，沉重似铁，味醇形美，犹如"观音"，便赐名为铁观音。2022年11月29日，铁观音制作技艺被列入联合国教科文组织人类非物质文化遗产代表作名录。

三、寻凤凰单丛茶的家乡

凤凰单丛茶的家乡在广东省潮州市潮安区凤凰镇乌岽山，凤凰镇在广东省潮州市潮安区的东北部，四面群山环抱，溪水奔流，云雾弥漫。乌岽山高、峻、险、奇，茶树生长条件得天独厚，从而形成了凤凰单丛茶优良的茶叶品质。

凤凰单丛茶以黄栀香、蜜兰香、芝兰香、玉兰香、桂花香、杏仁香、肉桂香、姜母香、柚花香、茉莉香等高香型单丛闻名。

凤凰镇乌岽山凤凰天池

乌岽山茶园

凤凰单丛茶树

四、觅冻顶乌龙茶的家乡

冻顶乌龙茶的家乡在台湾省南投县鹿谷乡。冻顶乌龙茶是由一个叫林凤池的台湾人，从福建武夷山把茶苗带到台湾种植而发展起来的。冻顶山多雾且路陡滑，上山采茶都要将脚尖"冻"起来，避免滑下去。

南投县冻顶乌龙茶茶园

第三节　青茶家族中的明星成员

青茶家族中明星成员众多，本节重点介绍青茶家族中的十位明星成员。

一、大红袍

大红袍产于福建省武夷山市。据茶叶专家林馥泉《武夷茶叶之生产制造及运销·大红袍记》记载："大红袍馥郁芬芳，有似桂花香，冲九泡有余香。"武夷山人近十几年摸索生产的大红袍品质与林馥泉所言相似，前几泡有桂花香或辛香或兰花香，后几泡转为棕叶香，汤中含香，耐浸泡不苦涩，茶汤很有厚度，整体感觉是"幽"。

干茶

茶汤

叶底

二、水仙

水仙主产于福建省武夷山市，成茶条索紧结壮实，叶端扭曲，叶脉宽大扁平，色泽青褐，油润起霜；花香清爽悠长，具兰花香；滋味醇厚甘鲜、显岩韵；汤色橙黄明亮；叶底肥厚软亮，红边鲜明。

 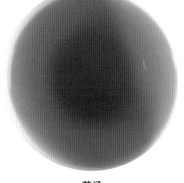 

| 干茶 | 茶汤 | 叶底 |

三、肉桂

肉桂原产于福建省武夷山市。肉桂条索紧结，较壮实，色泽乌褐油润带霜；香气辛锐高长，似桂皮香；滋味浓厚、显岩韵，回甘爽口；汤色橙黄明亮；叶底黄亮柔软，红边鲜明。

 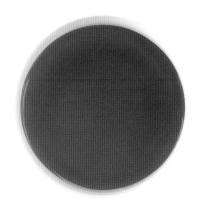 

| 干茶 | 茶汤 | 叶底 |

四、凤凰单丛茶

凤凰单丛茶条索挺直肥硕，色泽黄褐油润似鳝鱼皮色；香气具天然优雅花蜜香；滋味浓醇回甘，具特殊的山韵蜜味；叶底肥厚软亮，红边明显。

五、东方美人茶

东方美人茶又称白毫乌龙茶、膨风茶，主产于台湾省新竹县北浦乡和老苗栗县老田寮等地。干茶白毫显露，芽毫肥壮，色泽带红、黄、白、绿、褐五色；具熟果香和蜜香；汤色呈深琥珀色；滋味甜醇。

六、铁观音

铁观音干茶外形圆结重实，色泽砂绿油润；汤色金黄，清澈明亮，香气馥郁；滋味醇厚，显"音韵"；叶底肥厚软亮红边明。

七、冻顶乌龙茶

冻顶乌龙茶原产于台湾省。干茶颗粒紧结呈半球形，色泽墨绿有光泽；汤色蜜黄；有自然花香，带焦糖香，滋味醇厚甘润。

八、漳平水仙茶

漳平水仙茶原产于福建省龙岩市漳平市。外形呈小方块，青褐微红；汤色橙黄或蜜黄；香气清高幽长，显兰花香；滋味醇厚且鲜，甘爽；叶底肥厚软亮，绿叶红镶边。

干茶　　　　　　　　　　　茶汤　　　　　　　　　　　叶底

九、岭头单丛茶

岭头单丛茶，又叫白叶单丛茶，主产于广东省潮州市饶平县。条索壮结匀整，色泽黄褐油润；汤色橙黄明亮，花蜜香高；滋味浓醇，鲜爽回甘，蜜韵浓；叶底肥厚软亮，红边明显。

十、文山包种茶

文山包种茶主产于台湾省新北市坪林区。外形自然卷曲呈条形，色泽深绿、油润；香气清新持久；具清新天然花香；汤色蜜绿，滋味甘醇鲜爽，有花果味。

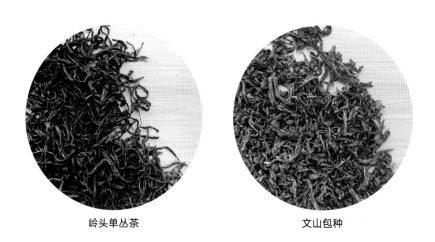

岭头单丛茶　　　　　　　　　　　文山包种

凤凰单丛茶　　　　　东方美人茶　　　　　铁观音　　　　　冻顶乌龙茶

四种青茶的干茶、汤色与叶底

第二章　爱上中国茶

随着人类文明的进步、生活水平的提高，茶及茶事活动已成为人们休闲娱乐、交友联谊、传播文化的载体与纽带，涌现出很多富有特色的饮茶风俗趣事，不断激发着人们对中国茶的向往与热爱。

第一节　饮茶趣闻

古人非常懂得水对于茶的重要性，在《茶经》等著作中专门谈及烹茶的水，还留下不少与鉴水有关的小故事。

一、陆羽鉴水

唐朝张又新在《煎茶水记》中记述了陆羽鉴水的故事。

在唐代宗时期，李季卿到湖州当刺史。李季卿久闻陆羽的大名，十分倾慕，便下令在扬子渡口的驿站停船，邀请陆羽一同品茗叙谈。李季卿说："陆羽先生精通茶道，天下闻名，这里的扬子江南零水也特别好，这可谓二妙相遇，千载难逢啊！"于是，便命令军士驾船到江中心去取南零水。陆羽趁军士取水时，把各种品茶器具布置妥当。

不一会儿，水送到了。陆羽用木勺舀一勺水，尝一尝，说："这水是扬子江的水，但不是南零水，好像是岸边的水。"军士急忙禀报："这水是我亲自驾船到南零取的，有很多人看见，我怎么敢撒谎呢。"陆羽并不作答，将所取之水倒去一半，再用木勺舀一勺水，尝一尝后说："这才是南零的水。"军士听后大惊失色，急忙认罪说："我从南零取水回来，快到岸边时，由于船身晃动，把水晃出了半瓶，我担心水不够用，便用岸边之水加满，没想到先生鉴水如此之神！"

陆羽鉴水的故事为茶圣又添一段传奇。

二、闵汶水"三难"张岱

张岱是明代晚期著名散文家，也是一位精于茶艺的大玩家。他曾撰《自为墓志铭》，称自己是"茶淫橘虐"。金陵（今南京）有位茶人，叫闵汶水，闻名遐迩，张岱久慕其名，希望一见。

崇祯十一年（1638年）九月的一天，张岱专程前往拜访闵汶水，乘船至桃叶渡闵家。不巧闵汶水一大早就出门了，张岱足足等了一天，直到天黑，才见"婆娑一老"慢悠悠走来。

两人刚见过面，没说几句话，闵汶水忽然起身说："我的手杖不知丢在哪里了。"便出门而去。张岱只好耐着性子再等，自语："今日岂可空去！"直到初更时分，闵汶水才回来。进门见张岱还在，诧异地说："你还在耶！你来为何？"

张岱虔诚地说："慕汶老久矣，今日不畅饮汶老茶，决不去！"

闵汶水心中一喜，便引张岱到另一雅间。室内明窗净几，案上有荆溪壶、成宣窑瓷瓯十余种，皆精绝。不久，闵汶水端来一瓯茶，灯下看汤色清淡，几乎与瓷瓯一色，而香气逼人。张岱连叫：绝，绝！

张岱小啜一口问："此茶产自何处？"

汶水答："阆苑茶也。"

张岱再啜一口说："莫欺哄我，此是阆苑制法，而味不似。"

汶水隐匿一笑："你知是何产？"

张岱又啜一口细辨后说："与长兴罗岕茶十分相似。"

汶水闻言不禁吐舌说："奇，奇！"

张岱又问："此水是何水？"

汶水答："惠泉。"

张岱说："莫再蒙我，若惠泉，从无锡到金陵，水劳千里，怎能圭角不动？"

汶水说："实不相瞒，此水真的取自惠泉。只是在取水前必先淘净泉井，静夜候新泉上涌才汲取，并在泉瓮底部铺上山石。再用舟船运泉，无风不行，船顺风而下，故寻常惠泉比之略逊，又何况其他的水啊。"不禁又吐舌说："奇，奇！"

闵汶水感叹未毕又离席而去。不多时，携来一壶茶，为张岱满斟一瓯，说："请再尝尝这茶！"

张岱细细品味后说："茶香扑鼻，味甚浑厚，这该是春茶。刚才喝的是秋茶。"

汶水爽朗地哈哈大笑，说："我七十岁了，鉴赏茶、泉能精湛到这般程度，真是无人可及！"

汶水与张岱两人就此成为忘年之交。

三、乾隆制银斗称泉

清高宗乾隆皇帝在位60年，六次南巡，品鉴各地名茶美泉。乾隆择水亦有妙法。

乾隆皇帝曾制一银斗，用来评全国之水，以质之轻重分水品的高下，评定京城海淀镇西之玉泉为第一，而中泠次之，无锡的惠泉、杭州的虎跑又次之。

乾隆亲撰《玉泉山天下第一泉记》中，有银斗称量各泉的具体数据：

尝制银斗较之，京师玉泉之水斗重一两，塞上伊逊之水亦斗重一两，济南珍珠泉斗重一两二厘，扬子金山泉斗重一两三厘，则较玉泉重二厘三厘矣；至惠山、虎跑，则各重玉泉四厘；平山重六厘；清凉山、白沙、虎丘及西山之碧云寺，各重玉泉一分。

雪水比玉泉轻三厘，是烹茶好水。每年遇佳雪，宫里必收取，并以松子、佛手、梅花烹茶，称"三清茶"。

第二节　青茶制作的点心

青茶香气馥郁，滋味醇厚，是制作茶点的好原料。

一、青茶果冻

1. 特点

青茶果冻用青茶茶汤代替水来制作，加上时令水果，果冻酸甜爽滑，又有青茶的清香，热量低，好吃又好看。

2. 配方

青茶20克，开水200毫升，幼砂糖20克，明胶20克，菊花少许，水果少量。

3. 制作流程

① 白菊花用冷开水泡软待用。

② 青茶用开水泡5分钟，过滤，茶汤趁热加入幼砂糖和泡软的明胶，搅拌均匀。

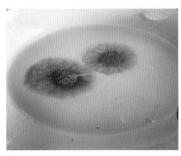 

③ 将汤液倒入至模具的一半，放入冰箱冷藏；凝固后取出加入菊花，再倒入汤液，放入冰箱冷藏。

④ 果冻凝固后取出，用水果装饰。

4. 注意事项

明胶片要用冷水泡软后使用；成品需冷藏，不要冷冻。

二、青茶月饼

1. 特点

月饼是中国传统节日中秋节的必备点心。青茶月饼皮松酥、层次分明，馅心有果仁的香气和青茶的清香，甜而不腻，余味悠长，是非常值得品尝的一款茶点。

2. 配方

① 皮层配方。水油皮：低筋面粉500克，茶油175克，饴糖50克，热水200克。干油酥：低筋面粉300克，茶油150克。

② 馅心配方。熟面粉450克，青茶粉50克，熟黑芝麻碎300克，绵白糖330克，盐3克，茶油500克，瓜子仁150克，核桃仁100克，杏仁片50克，金橘皮50克，糖桂花50克。

3. 制作流程

① 馅心制作。将熟面粉过筛，核桃仁掰成小块，金橘皮切成小丁；将所有原料混合均匀成团。

② 饼皮制作。首先调制干油酥：将低筋粉与茶油混合均匀，用手掌根搓揉至匀、透。然后调制水油皮：面粉打圈，中间加入茶油、饴糖，再加入热水（水温80℃以上）混合均匀，推入面粉和成较软的面团。

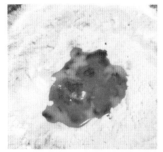  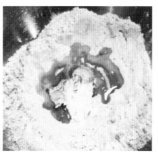 

③ 包酥。将干油酥分成7克的小剂，水油皮分成13克的小剂。将水油皮小剂压扁，包入一个干油酥小剂。

④ 拖酥。将包好酥的剂子用擀面杖擀开，卷起，转90°收口朝上，压扁，再擀开并卷起成圆形小剂。

⑤ 成型。将已经完成包酥和拖酥的小剂擀开成四边薄、中间厚的圆形皮子，包入33克馅，收口，压扁，放入烤盘。

⑥ 烘烤。烤箱预热，放入烤盘，上火260℃、下火240℃，烘烤10～12分钟。

4. 注意事项

水油皮要偏软；包馅要居中；收口要均匀。

三、青茶泡饭

1. 特点

茶泡饭由来已久，据《中国烹调大全》古食珍选录记载，明末清初，苏州人董小宛精于烹饪，性淡泊，每次吃饭，均以一小壶茶，温淘饭，此为南京一带之食俗，六朝时已有。

选用青茶汤制作茶泡饭清淡而有回甘，在食用了过多的荤菜之后，一碗青茶泡饭可以去腻、消食。

2. 配方

米饭100克，青茶5克，梅干若干，海苔条一包，白芝麻少许。

3. 制作流程

① 将青茶用100毫升开水冲泡，5分钟后滤出茶汤待用。

② 将茶汤倒入米饭中，点缀梅干、海苔条，再撒上少许白芝麻。

4. 注意事项

米饭要颗粒分明；米饭和茶汤的比例要适当。

泡一杯香茶

第三章　习交往礼仪

在古代，宾与客有区别。"宾"多指贵宾，而"客"指的是一般的客人。现在我们把"宾客"作为客人的总称。我们在招待客人时，要尽量表达出诚意和敬意。

第一节　迎送礼仪

我们常常举办茶会来纪念一些特殊的日子，比如毕业茶会、生日茶会、分享茶会，以及为好朋友接风、送别的茶会等。迎客、待客、送客是茶会接待的3个基本环节。

一、迎客

迎客是茶会中非常重要的一个环节，是表达主人情谊、体现礼仪素养的重要方面，可以让客人从一开始就感受到主人的热情与用心。

1. 准备

迎接客人之前的准备工作主要包括场地清扫和器具清洁等。

（1）场地清扫

在客人到来之前，主人通常需要进行清扫，确保环境整洁。

（2）器具清洁

在待客之前，我们要将需要使用的茶器具事先清洗干净并保持干燥。要特别注意的是，应避免使用破损的器具，否则既不安全又显得失礼。

除此之外，还可以通过布置插花、摆放工艺品、焚香、播放音乐等方式来营造更好的饮茶氛围。还要注意避免使用一些气味较浓烈的香料或者摆放容易引起过敏的植物。

2. 迎客

当客人到达时，可以小步快走迎向宾客，表示恭敬，以示欢迎。

当客人走近时，要行礼致敬并说一些简短的欢迎语和寒暄语。如"欢迎光临""好久不见"等。

当客人馈赠礼品时，应双手接过，表示感谢，并请客人以后不要再破费。通常不当着客人的面打开礼物的包装，除非客人主动提出要求。

二、待客

当客人到来时，可以通过奉上一杯茶表示欢迎和尊敬。

1. 选茶

待客时要选择客人喜欢的茶叶，可以适当多备几种茶品供客人选择。拿取茶叶的时候要避免直接用手抓，否则会让客人感觉不舒服，也影响了喝茶的心情。

如果是时间较长的茶会，尽量提前了解客人的人数，准备足量的茶水，还可以准备一些可口的茶点。

2. 上茶

为客人奉茶时，我们通常遵循先长后幼、先宾后主，先疏后熟的顺序。如果我们无法判断客人的具体身份，可以先为年长者奉茶，或者听从师长的安排。

三、送客

送客同样是招待宾客的重要环节之一。一般情况下，送客礼仪与迎客礼仪相比显得简单一些，主要是表达主人不舍的心意。

1. 送客

当客人提出要走时，要婉言相留，表示不舍。但如果客人执意要走，就应该起身，主动为客人开门，送客人到门外，说"再见"。客人出门后，目送客人离开，再将门轻轻地关上。

在户外送客，当客人转身离开时，主人要在原地稍作停留，目送客人。因为通常客人会多次回首告别，走几步便会回头示意，表示不舍。此时主人要继续保持送客的状态，一直目送客人离开后才可以返回。如果是关系特别好的朋友或者是需要远行的朋友，不妨送一段路程再返回。

2. 送客禁忌

① 如果不是想让客人早点离开，就不要频繁看钟表，否则会显得不耐烦。

② 客人还没出门，不要急于扫地，否则有赶客之嫌。

③ 送客时要起身送至门口，坐着不动显得怠慢。

④ 客人出门后不要急于关门，更不要用力关门，否则同样有赶客之嫌。

⑤ 客人转身离开后，不要立刻转身就走，否则显得毫无挽留和不舍之情。

第二节 介绍与交谈礼仪

介绍与被介绍是日常生活中常见的事，特别是在一些正式的场合，得体的自我介绍和介绍他人非常重要。

一、介绍

1. 自我介绍

自我介绍是向别人展示自己的一种重要方式，别人可以通过简短的描述来认识你，一段谦逊有礼的自我介绍往往会给别人留下好的第一印象。自我介绍通常包括以下内容：问候，姓名，年龄/年级，来自哪里（城市、学校），兴趣爱好或特长等。

2. 介绍他人

例如在一些亲子茶会上，我们可以先介绍自己，再介绍自己的家长，可以说："大家好，我是某某，今年10岁了，我来自杭州，希望能够和大家成为好朋友，谢谢。"介绍完自己就转向自己的家长，接着说："请允许我为大家介绍我的家长，这位就是我的妈妈。"大家要以掌声回应，表示欢迎。

二、交谈

交谈是人们传递信息和情感、增进彼此了解和友谊的一种方式。除了真诚与热情之外，交谈的态度和行为也非常重要。

1. 交谈的基本礼节

谈话时，要认真倾听，可以通过眼神、语言、肢体动作等及时互动。不要三心二意和做一些小动作，否则会让对方感觉你心不在焉。

在对方说话时，尽量不要打断，要耐心听对方讲完再表达自己的观点。如果需要打断或者插话时，可以说"我提个问题，可以吗"或者"不好意思，请允许我打断一下"等，以示对说话者的尊重。

如果是大家一起交谈，要避免总是自己在说话，尽可能让大家都有机会发言。

2. 交谈的小技巧

交谈的内容要尽量使双方都感到愉快，比如可以聊聊彼此喜欢的书籍、动画片等，或者选择与活动有关的话题，也可以共同赞美主人对茶会的用心与付出。

要避免为了满足自己的好奇心而问东问西，比如对方的绰号、成绩，以及说其他同学的闲话。在交谈的时候，尽可能使用与对方一致的语言进行交谈，如对方说普通话，那就使用普通话交谈。

第四章　泡一壶香香的青茶

青茶内含物质丰富，香高味醇，有天然的花、果香，深受大家喜爱。我们先来了解青茶的色、香、味、形，再动手泡一壶可口的茶汤吧。

第一节　品一品青茶

青茶有独特的韵味。品味青茶，要学会眼观其色，鼻嗅其香，口尝滋味，耳听声音，再慢慢回味。

一、青茶的形状

青茶的外形主要有颗粒形和条索形两种。

1. 颗粒型青茶

茶叶卷曲如螺钉状，重实。如铁观音、冻顶乌龙茶。

2. 条索型青茶

茶条较直、肥壮、紧结。如大红袍、凤凰单丛。

铁观音

二、青茶的颜色

1. 干茶的颜色

对青茶干茶颜色的描述有以下几种：

① 砂绿：像青蛙皮肤的颜色。

② 青褐：色泽青褐带灰光。

③ 鳝皮色：蜜黄似鳝鱼皮色。

大红袍

砂绿色的干茶　　　　　　　　青褐色的干茶

鳝皮色干茶

2. 茶汤的颜色

不同的青茶，呈现的汤色也各有不同，主要包括以下几种：

① 金黄：茶汤色泽明快，就像黄金一般的颜色。

② 橙黄：黄中微带红，如橙色或橘黄色。

③ 橙红：橙黄泛红的颜色。

金黄色的茶汤

橙黄色的茶汤

橙红色的茶汤

3. 叶底的颜色

青茶的"绿叶镶红边"是指冲泡后的叶片边缘为红色，中央呈浅黄色或青色。

"绿叶镶红边"的叶底

三、青茶的香气

1. 花香

青茶的花香，有清花香与甜花香。类似兰花香、栀子花香、珠兰花香、米兰花香、金银花香等属清花香；如玉兰花香、桂花香、玫瑰花香等属甜花香。

2. 果香

青茶的果香，如毛桃香、蜜桃香、雪梨香、佛手香、橘子香、李子香、菠萝香、桂圆香、苹果香等。

3. 花果香

青茶的花果香，是花香与果香的结合，类似果实成熟的香气，香气优雅，层次感丰富，非常迷人。

四、青茶的味道

青茶的味道以醇厚甘爽为好，以青涩粗浓为差。

1. 浓厚型

茶汤入口时，感到内含物丰富，并有较强的刺激性和收敛性，回味甘爽，如凤凰单丛茶、武夷水仙等。

2. 醇厚型

茶汤入口时，感到内含物丰富，醇而有厚度，如永春佛手、铁观音等。

3. 醇和型

茶汤入口时，不苦涩而有厚度，回味平和较弱，如白毫乌龙、大田美人茶等。

第二节 辨一辨不同的水

之前我们分别尝试了用自来水、饮用纯净水、饮用天然水和饮用天然矿泉水泡茶，比较茶汤汤色和滋味的差异。这一节再来试一试含气天然矿泉水和苏打水，它们泡茶的效果又会怎样呢？

一、含气天然矿泉水与苏打水

1. 含气天然矿泉水

含气天然矿泉水，是在不改变水源水基本特性和主要成分的前提下，允许通过特定方法去除不稳定组分，允许回收和填充同源二氧化碳，包装后，在正常温度和压力下有可见气泡的天然矿泉水。

备水

2. 苏打水

苏打水是以水为原料，添加碳酸氢钠、充入二氧化碳，不经调色处理，不加糖制成的风味饮料。

称茶

二、辨一辨

1. 辨一辨常温的水

通过看一看、闻一闻、尝一尝，比较一下饮用纯净水、含气天然矿泉水、苏打水有什么区别。

2. 用不同的水泡同一款青茶

称取三份3克的青茶，分别用饮用纯净水、含气天然矿泉水、苏打水冲泡，判断滋味、香气、汤色的异同。

三杯茶区别如下：

泡茶

茶汤色、香、味	饮用纯净水（①）	含气天然矿泉水（②）	苏打水（③）
汤色	透亮	清澈明亮	明显偏深
香气	正常	偏低	偏低
滋味	正常	刺激感增强，带酸味	稍偏涩，稍偏苦

注：结果仅针对本次实验，使用不同实验材料结果可能有所不同。

含气天然矿泉水具有酸、咸等明显刺激性口感，一般pH为4.2～5.7，呈酸性，虽然加热煮开后刺激性有所减弱，但因酸性较大，对茶汤的滋味影响明显，茶汤中有明显酸味，因此，含气天然矿泉水并不适合用来泡茶。

苏打水加热煮开后，气泡消失，失去其主要的口感特色，呈弱碱性，可使茶汤颜色加深，口感不佳，由此可见，苏打水也不适合用来泡茶。

第三节 试一试茶器

适合冲泡青茶的茶器有紫砂茶壶、白瓷盖碗等。

一、紫砂壶

紫砂是一种陶土，产于江苏宜兴，它质地细腻，含铁量高，制胎烧制后呈赤褐、紫黑等色，多用来烧制茶具等。紫砂壶兴盛于明代，泥料有紫泥、红泥、绿泥等。紫砂壶具有良好的保味、保温功能，还具有冷热骤变不易爆裂、传热慢、不烫手等优点。

相传紫砂壶的鼻祖是明代的供春。供春是一位明代官员的书童，陪伴主人在金沙寺读书。供春非常聪明好学，闲暇时看到寺中僧人做壶，他就跟着学，做成的第一把壶称为树瘿壶，后来又称为供春壶。

1. 紫砂壶的形状

按照造型的不同，紫砂壶分为几何型、仿生型和筋纹型。几何型，即以几何之形造型，如正方形、长方形、菱形、球形等；仿生型，即模拟自然界中的花果、飞禽走兽的造型；筋纹型，犹如植物筋纹，以线条装饰造型。

几何型

仿生型

筋纹型

2. 如何挑选紫砂壶

① 先仔细看一看紫砂壶的整体外形。一把好壶要求重心稳定，比例协调，色泽自然，没有破损瑕疵，壶把在拿取时方便好握。

② 再注水试验。检查出水是否流畅，断水后壶嘴是否有水滴落。

③ 检查壶的气密性是否良好。按住壶钮的气孔倒水，若水不流出说明气密性好。

④ 若是侧把壶，还要检查是否"三山齐"。把壶倒过来放在平整的桌面上，若壶嘴、壶口与壶把最高点在一条直线上，三点成一线，则符合"三山齐"的要求。

⑤ 壶嘴的孔，尽量不选单孔或网状孔，宜选蜂窝孔，这样不容易堵塞。

出水试验

断水试验

气密性试验

"三山齐"

单孔

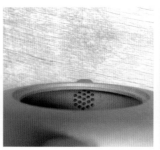
网状孔

蜂窝孔

二、紫砂杯

1. 紫砂公道杯

紫砂公道杯保温性能好。选择紫砂公道杯时，应注意公道杯的容量要大于紫砂壶，颜色与紫砂壶相匹配。

各式紫砂公道杯

2. 紫砂品茗杯

紫砂品茗杯色泽古朴，常用来品饮青茶、普洱茶熟茶、陈年白茶等。通常紫砂品茗杯内壁施白釉，便于观赏汤色。

各式紫砂品茗杯

3. 紫砂闻香杯

闻香杯通常与品茗杯一起使用，多用来品鉴青茶的香气。与品茗杯不同的是，闻香杯的杯身细圆、高深，内壁施白釉，利于收拢香气、持久留香。

选用紫砂品茗杯与闻香杯时，也要注意与紫砂壶、公道杯的容量、颜色、款式等相匹配。

紫砂闻香杯

品茗杯与闻香杯组合

第四节　生活型青茶冲泡

生活型青茶冲泡即日常待客的青茶冲泡方式。青茶内质丰富，耐冲泡，冲泡时以表现青茶优良品质为基本要求。

一、浓茶与淡茶

冲泡青茶时应按照不同的茶品特性，将茶叶的香气和滋味物质以最佳的浓淡程度呈现出来。可根据个人的喜好或年龄大小，通过调节茶叶投放量或浸泡时间，对茶汤浓淡进行调节，喜浓者多加茶叶，嗜淡者少放。

1. 稍浓的茶汤——泡给师长喝：水容量以110毫升为准，水温98℃以上。

投茶量	浸泡时间				
	第一泡	第二泡	第三泡	第四泡	第五泡
5克	40秒	40秒	50秒	50秒	60秒

2. 稍淡的茶汤——泡给同学喝：110毫升水，水温90℃以上，建议6岁以下儿童在成人指导下操作。

投茶量	浸泡时间				
	第一泡	第二泡	第三泡	第四泡	第五泡
3克	40秒	50秒	50秒	50秒	70秒

二、器具准备

古人说，器为茶之父。清代连横在《台湾通史》中说："茗必武夷，壶必孟臣，杯必若深……"古人注重好茶必用佳器相配。

1. 茶房三宝

煮水器　　　　　　　　　紫砂壶　　　　　　　　　品茗杯

2. 辅助茶器

茶叶罐　　　　　　　茶巾　　　　　　　水盂　　　　　　　茶匙与架

3. 青茶工夫茶泡法与盖碗泡法器具

工夫茶通指福建和广东潮汕一带独特的青茶泡饮方式。在冲泡过程中，不仅要掌握好泡茶三要素，还要根据茶品进行器具的搭配和水的选择，更要依据不同茶品的茶性特点使用不同泡茶技术。

青茶盖碗泡法一般用于日常的客来敬茶，只需掌握泡茶三要素中的投茶量、水温、浸泡时间即可，茶具可选用陶瓷茶具等。

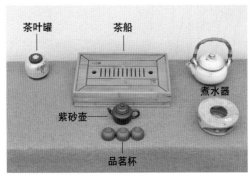

青茶工夫茶泡法器具　　　　　　　　　青茶盖碗泡法器具

三、冲泡流程

准备→行茶（温壶→置茶→冲泡→温杯→分茶）→奉茶。

准备　器皿洁净、空间环境整洁，泡茶人处于安静状态。

行茶　泛指泡茶的全过程。平心静气、循规蹈矩、从容有序、一丝不苟是行茶的基本要求。

温壶　　　　　　置茶　　　　　　冲泡　　　　　　温杯　　　　　　分茶

奉茶　灵活运用伸掌礼、鞠躬礼等茶礼，按长幼尊卑、客先主后的顺序奉茶。

第五节 演示型青茶冲泡

演示型青茶冲泡，是以泡好一杯茶汤为核心，仪式化地呈现青茶冲泡技艺之美，讲究技、艺、礼、法完美融合的泡茶技艺。在学习过程中，我们逐渐养成精益求精、一丝不苟、有礼有节的行为习惯。

一、器具准备

茶船、紫砂壶、品茗杯（白瓷杯或紫砂施白釉茶杯）、茶叶罐、茶匙、茶巾、奉茶盘、煮水器（壶与炉）。

备具图

二、冲泡流程

恭请入座→静心备器→翻杯迎客→孟臣沐霖→乌龙入宫→悬壶高冲→春风拂面→重洗仙颜→素陶生烟→游山玩水→点精蕴华→敬奉佳茗。

1. 恭请入座

宾客入席，侍茶者行礼后进入茶座，静候泡茶。

2. 静心备器

将准备好的茶器依次摆放好。

3. 翻杯迎客

将倒扣的品茗杯翻回来，表示对客人的欢迎。

4. 孟臣沐霖

开盖，往紫砂壶注入开水至六分满，温壶、弃水。

5. 乌龙入宫

用茶匙将茶叶置入紫砂壶中。

6. 悬壶高冲

向壶中注入开水，应提高煮水壶，使水有高冲之力。

7. 春风拂面

轻轻推去壶口的白色泡沫，使茶汤更加清新宜人。

8. 重洗仙颜

加盖，在壶外壁浇淋开水，使壶内外温度一致。

9. 素陶生烟

向品茗杯中注入开水，温品茗杯，弃水。

10. 游山玩水

依次来回向各品茗杯分茶。

11. 点精蕴华

分茶后，将壶中剩下的少许茶汤依次向各杯点斟，使各杯浓度均匀一致。

12. 敬奉佳茗

将泡好的茶汤双手奉上，以示对宾客的尊敬。

三、注意事项

① 冲泡过程中，双手要保持四指并拢，不出现兰花指。

② 左右手尽量不要同时做动作，不交叉。

③ 品茗杯摆放成品字形。

④ 煮水时，水温要掌握在95～98℃，不可反复煮沸。

⑤ 品茗结束后，将奉出的品茗杯收回，清洗干净，并将茶具归至原位。

第一章 走进黑茶大家族

黑茶含有丰富的营养成分，喝黑茶能促进消化、降脂减肥。我们一起去黑茶大家族里探秘吧！

第一节 黑茶家族成员

黑茶的制作工艺中，"渥堆"是形成黑茶品质的关键工序，随渥堆程度的加深，毛茶原料的颜色由绿转为黄、栗红、栗黑，形成黑茶特有的风味和品质。

黑茶大家族里有很多"兄弟姐妹"，按出产地域，黑茶可分为湖南黑茶、四川黑茶、湖北黑茶、广西黑茶、云南黑茶、陕西黑茶等，让我们一起去认识他们吧！

一、绿色芽叶变黑茶的秘密

1. 摊一摊（摊青）

采摘后的鲜叶，先摊一摊，薄摊在竹筛中，或者摊在摊青台上，可以散发鲜叶中的一部分水分，便于后续加工制作。

摊青

不同地区黑茶的鲜叶原料等级有所不同，比如云南普洱茶和广西六堡茶的鲜叶以一芽三四叶为主，湖南、湖北、四川等地黑茶的鲜叶则较为粗老，茶农用"梗子撑得船，叶子包得盐"来形容。

手工杀青

2. 炒一炒（杀青）

将摊青叶放在杀青锅中炒一炒，高温破坏鲜叶中酶的活性，同时炒一炒也能消除摊青叶的青臭气，蒸发水分，使叶片变得柔软，便于揉捻成条。

3. 揉一揉（揉捻）

将杀青叶揉一揉是茶叶条索和滋味形成的工序，可分为冷揉和热揉。冷揉是杀青叶摊凉后进行的揉捻，热揉是杀青叶不经摊凉趁热进行的揉捻。一般情况下，较嫩的鲜叶用冷揉，老叶用热揉。

手工揉捻

4. 解一解（解块）

揉捻叶易结成团块，大的如拳头，小的如核桃，需将团块解散或抖散。

5. 晒一晒（晒干）

将解散的揉捻叶均匀薄摊到清洁的簸箕内或清洁的晒场（棚）内，利用太阳光晒干。在晒干过程中，揉捻叶尽量薄摊，每2小时左右翻一次。

日光干燥

有的地区的黑茶加工没有晒干的工序，鲜叶经摊青、杀青、初揉后就进行渥堆发酵了。

6. 洒一洒（潮水）

在黑茶的毛茶原料洒上适量的清水，拌匀后进行发酵。

7. 发一发（发酵）

洒水拌匀后，毛茶在微生物和酶及湿热作用下，物质成分发生转化，形成黑茶特有的品质风格。黑茶品质的形成主要与毛茶含水量以及渥堆环境的温度、湿度、氧气、微生物等密切相关。

潮水

8. 翻一翻（翻堆）

根据发酵程度、堆温、湿度及环境条件的变化，进行适时翻堆。翻堆一方面是为了降低堆温；另一方面是使所有堆内的毛茶均匀地受到温度、湿度、氧气、微生物和酶的共同作用，以达到品质的一致。

翻堆

9. 干一干（干燥）

发酵结束后，必须及时进行干燥。黑茶有一个后续陈化的过程，这个过程是形成黑茶醇正品质的关键，因此，不能烘干和炒干，一般采用阴干的干燥方式，以利于后期陈化。

10. 蒸一蒸（蒸茶）

将干燥好的茶叶称取一定的量，通过高温蒸汽蒸一蒸，茶叶吸收一定水分变软，便于压制成型。制成型后的茶叶需进一步干燥，使之达到出厂要求。

11. 压一压（压制）

将蒸过的茶叶装入模具，置于甑内加压，使茶叶固定成型，厚薄均匀，松紧适度。压制成型后，茶叶需一步干燥，使之达到出厂要求。

这样经过11道工序，黑茶就制成了。

干燥　　　　　　　　　　蒸茶　　　　　　　　　　压制

二、黑茶家族中的"兄弟姐妹"

黑茶主要生产于湖南、湖北、四川、云南、广西等地，让我们一起揭开他们的面纱吧。

1. 湖南黑茶

湖南黑茶主要产品有"三尖"——天尖、贡尖、生尖，"三砖"——黑砖、花砖、茯砖和"一卷"——千两茶等。

茯砖茶中生长的"金花"，学名为冠突散囊菌，能促使茶叶内含物质转化成对人体有益的物质。

安化黑茶茶汤　　　　　　　　　　安化黑茶中生长的"金花"

2. 云南黑茶

云南黑茶为普洱茶熟茶。普洱茶熟茶是以云南大叶种晒青毛茶为原料，经渥堆发酵等工艺加工而成的茶。普洱茶熟茶干茶色泽褐红，滋味醇和，具有独特的陈香，茶性温和。

云南普洱茶（熟茶）

3. 四川黑茶

四川黑茶为藏茶，因销路不同，分为南路边茶和西路边茶。藏茶分为康砖茶、金尖茶和康尖茶。

南路边茶以雅安为制造中心，主要销往西藏、青海和四川的甘孜、阿坝、凉山，以及甘肃南部地区。

西路边茶，简称西边茶，是四川灌县、北川一带生产的边销茶。

雅安藏茶（金尖）

4. 湖北黑茶

湖北黑茶为青砖茶，又称老青茶，主要产于湖北的南部和西南部。传统湖北青砖茶为长方砖形，茶的香气纯正，有的带有枣香。

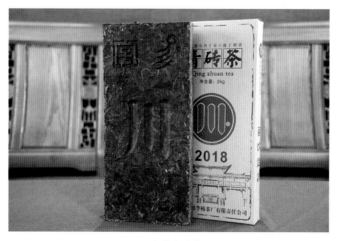

湖北青砖茶

5. 广西黑茶

广西黑茶为六堡茶，原产于广西苍梧县六堡镇。六堡茶品质独特，以"红、浓、醇、陈"著称。六堡茶以散茶为主，用竹篓盛装，近几年也压制成饼状、便于掰取的巧克力块状等。

广西六堡茶

6. 陕西黑茶

陕西黑茶的代表非泾阳茯茶莫属。传统泾阳茯茶因其在夏季伏天加工制作，香气和功效又类似茯苓，且蒸压后的外形呈砖状，所以称为"茯砖茶"。现在，泾阳茯茶有砖状、饼状、巧克力块状等。

陕西泾阳茯砖茶

第二节 黑茶家乡之旅

黑茶大家族的"兄弟姐妹"，分别来自不同的地方，有着不同的生长环境和地域文化。

一、寻安化黑茶的家乡

安化黑茶因产自湖南省益阳市安化县而得名，是中国国家地理标志产品。

安化黑茶以"两山、二溪、六洞"所产茶叶品质为佳。

两山：芙蓉山和云台山。云台山以中叶种、大叶种茶树为主，成熟的叶片比小朋友们手掌还要大呢。

安化芙蓉山茶园 安化云台山茶园

二溪：高家溪、马家溪，合称高马二溪。

六洞：思贤溪的火烧洞，竹林溪的条（跳）鱼洞，大酉溪内的漂水洞、檀香洞，竹坪溪的仙缸洞，黄沙溪的深水洞，合称"六洞"。

安化产茶区示意图

二、觅易武普洱茶古茶园

易武古茶园位于云南省西双版纳州勐腊县群山环抱的易武乡。易武地处勐腊县西北，山高雾重，土地肥沃，温热多雨，是茶树生长的理想家园。

易武古茶园分布在知名度较高的七村八寨。七村为：麻黑村、高山村、落水洞村、曼秀村、易比村、三合村、张家湾村；八寨为：刮风寨、丁家寨（瑶族）、丁家寨（汉族）、旧庙寨、倮德寨、大寨、曼洒寨、新寨。

易武茶经过岁月的沉淀，其风味柔和，在蜜香中透出丝丝幽兰香，苦涩不显，茶韵长留口齿间。

麻黑村大漆树

三、探雅安藏茶的家乡

藏茶是雪域高原上的藏族同胞们赖以生存的必备饮品。

藏茶产于雅安。雅安市位于四川盆地西部，多雨、多云、多雾，气候条件独特，有"雨城"之称，土壤肥沃，养分丰富，适合茶树生长。

雅安市茶园

四、访赤壁砖茶的家乡

湖北出产的"老青茶"主要产于赤壁、咸宁、崇阳等地，其中赤壁市羊楼洞镇是青砖茶的原产地，历史悠久。羊楼洞青砖茶（洞茶）也是国家地理标志保护产品。

赤壁青砖茶香气纯正、汤色透亮，口感顺滑，耐冲泡。

赤壁市羊楼洞

羊楼洞镇茶园

五、窥梧州六堡茶的家乡

六堡茶因出产于六堡镇而得名，具特殊的槟榔香。同治年间的《苍梧县志》记载："茶产多贤乡六堡，味厚隔宿不变……"此处说的就是今天梧州市的苍梧六堡茶。2022年11月29日，六堡茶制作技艺被列入联合国教科文组织人类非物质文化遗产代表作名录。

六堡镇茶园

六、见泾阳茯砖茶的家乡

你听说过"自古岭北不植茶，唯有泾阳出砖茶"吗？

陕西茯砖茶原产地是泾阳县。泾阳县处于泾河之北，古代水之北为阳，故得地名泾阳。"泾渭分明"的景观就在泾阳县所处的高陵区。据史料记载，早在600年前，我国第一片手筑茯茶就诞生于泾阳。

泾阳茯砖茶外形紧结，色泽黑褐油润，金花茂盛，陈香显露，汤色红浓，滋味醇厚，回甘绵滑。

第三节　黑茶家族中的明星成员

黑茶历史悠久，产地众多，每个地区都有自己独特的黑茶产品，让我们一起来认识这些黑茶家族中的明星吧！

一、普洱茶（熟茶）饼茶

普洱茶（熟茶）饼茶是云南黑茶中的一种，家里的爷爷奶奶、爸爸妈妈以及小朋友都可以喝。

一开始，茶叶是散的，称好重量后，制茶师傅把它们放在蒸汽上蒸一下、压一压，就变成一整块茶饼了。它看起来端端正正，圆如玉盘，如果我们摸一摸可以发现，它不软也不硬。

普洱茶（熟茶）饼茶

二、宫廷普洱茶

宫廷普洱茶是普洱茶（熟茶）散茶，茶条外形紧细。用水冲泡后，茶汤红浓明亮，闻起来陈香浓郁，尝起来醇厚绵滑，用水泡后的叶底是褐红色的，很嫩。

宫廷普洱茶

三、六堡茶

六堡茶品质素以"红、浓、醇、陈"四绝而著称，且耐久藏。干茶外形条索紧结，汤色红浓，香气陈纯，滋味甘醇。传统的六堡茶带有松烟香和槟榔味，叶底铜褐色。

干茶

茶汤

叶底

六堡茶具有祛湿、调理肠胃的作用。人们用船把六堡茶运送到马来西亚、菲律宾、新加坡等东南亚国家，那里的人们都很喜欢喝。

四、安化千两茶

千两茶，圆柱形，长1666毫米，圆周长570毫米，重量为31.25千克。千两茶产于湖南省安化县，是安化的传统名茶，因其外表的篾篓包装成花格状，又名花卷茶。千两茶内质香气纯正，汤色橙黄或橙红，滋味醇厚。

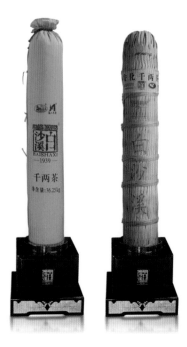

千两茶

五、泾阳茯砖茶

泾阳茯砖茶加工中的"发花"过程是形成茯砖茶独特品质的关键工艺。高品质泾阳茯茶，其外形砖面平整，厚薄一致，黑褐油润，金花茂盛；汤色橙红或金红明亮；香气陈香纯正，带菌花香；滋味醇厚甘滑；叶底柔软，黑褐明亮。

泾阳茯砖茶

六、康砖茶

康砖茶是用带梗的粗老叶加工而成的，是一种圆角的长方体茶砖，重量一般为500克。

把带梗的深绿色毛茶用水蒸气蒸软、揉捻后堆放发酵，发酵好的茶叶烘干后筛选，再经拼配后一起蒸压，就做成了棕褐色像砖块一样的康砖茶。

康砖茶干茶颜色棕褐，香气纯正，味道醇和，汤色偏深红色，泡过的叶底看上去每一片形状都不太一样。

康砖的原料

圆角长方体的康砖

康砖茶汤

第二章　走进白茶大家族

白茶为中国六大茶类中的一类，它发酵程度轻。白茶冲泡后，汤色杏黄、香气清雅带毫香，滋味清甜。白茶保健功效佳，民间有"一年茶，三年药，七年宝"的说法。

第一节　白茶家族成员

白茶发源于福建。明代田艺蘅《煮泉小品》中记载："芽茶以火作者为次，生晒者为上，亦更近自然，且断烟火气耳……生晒茶瀹之瓯中，则旗枪舒畅，清翠鲜明，尤为可爱。"据卓建舟《太姥山全志》记载，清代周亮工所写《闽小记》中记载，太姥山有绿雪芽茶，今呼白毫，色香俱绝，而尤以鸿雪洞为最，产者性寒凉，功同犀角，为麻疹圣药……这里的"绿雪芽"就是现在太姥山上鸿雪洞旁的福鼎大白茶古树。

白茶茶园　　　　　　　　　　绿雪芽

一、绿色芽叶变白茶的秘密

白茶加工包括萎凋和干燥两道工序，一般在72小时内完成。成品白茶外形满披茸毛，颜色以白为优。

1. 晒一晒与晾一晾（萎凋）

采摘后的鲜叶，通过自然晾晒（萎凋），失去部分水分，自然微发酵。

萎凋

2. 烘一烘（干燥）

萎凋叶通过烘干，进一步蒸发水分，固定品质，成为白茶，含水率在6%以内。

白茶干燥

二、白茶家族中的"兄弟姐妹"

根据茶树品种与原料的不同，白茶分为白毫银针、白牡丹、贡眉、寿眉。

适制白茶的茶树品种有福鼎大白茶、福鼎大毫茶、政和大白茶、福安大白茶、水仙、九龙大白茶等。

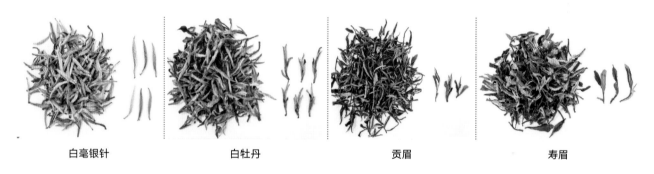

| 白毫银针 | 白牡丹 | 贡眉 | 寿眉 |

第二节　白茶家乡之旅

白茶主产区为福建省，产量占全国白茶产量的90%以上，福建白茶产区主要分布在闽东茶区和闽北茶区。闽东茶区白茶产地包括福鼎、福安、柘荣、寿宁等，闽北茶区白茶产地包括建阳、政和、松溪等。近年来，白茶产区逐步扩大，我国贵州、广西、广东、湖南、浙江等地均有白茶生产。

白茶主产区地处我国东南沿海，北纬27度一带，属于亚热带气候，光、热、水资源丰富，气候温暖，雨量充沛，森林覆盖率达60%以上。优越的生态环境为高品质白茶生产创造了条件。

一、探白毫银针的家乡

白毫银针的故乡在福建省福鼎市，政和县等地亦有生产。

大约1796年，福鼎人用菜茶（有性群体种）的壮芽制作白毫银针。1880年前后，政和县选育出政和大白茶良种茶树，1889年开始以政和大白茶的壮芽制作白毫银针。

太姥山上，鸿雪洞里，"一片瓦"屋旁的绿雪芽老茶树，传说是太姥娘娘手植，它是公认的福鼎大白茶始祖。

福鼎市位于福建省东南部，依山傍海，属亚热带海洋性季风气候区，自然条件优越。福鼎白茶主产区分布在中部低山高丘地区，包括太姥山、白琳、点头、磻溪、叠石等，海拔200～800米，这里水热条件佳，多云雾与漫射光，茶

福鼎市茶园

园植被丰富，土壤为山地红壤和过渡性黄红壤，含火山岩风化物质和腐殖质，pH为4～5，这些是建立优质茶园的自然条件，也是形成福鼎白茶优异品质的根本。2022年11月29日，福鼎白茶制作技艺被列入联合国教科文组织人类非物质文化遗产代表作名录。

二、访白牡丹的家乡

白牡丹创制于福建省南平市建阳区水吉镇。水吉镇原属建瓯市（原建瓯县），据《建瓯县志》载：白毫茶出西乡、紫溪二里……广袤约三十里。1922年，政和县开始制作白牡丹，成为白牡丹的主产区。茶界泰斗张天福先生品尝政和白牡丹后，对其优异的品质大加赞赏，挥毫写下"政和白牡丹名茶形、色、香、味独珍"。20世纪60年代初，松溪县曾一度盛产白牡丹。白牡丹产区主要分布在政和、松溪、建阳、福鼎等地。

政和县白茶茶园

政和大白古茶树

政和县地处东南沿海丘陵区，属亚热带季风气候区，水热条件好，多云雾与漫射光，土壤深厚。政和白茶主产区为铁山镇、星溪乡、石屯镇、东平镇、杨源、二五区等。茶区海拔200～1200米，峰峦绵延，溪涧流淌，千米以上高峰有75座。政和白茶产区被群山环抱，山峰阻挡寒流，形成湿润多雾的微域气候，使得茶树免遭冻害，芽叶生长良好，内含物质丰富，尤其是氨基酸、多酚类以及芳香物质的积累，是形成政和白茶香气鲜纯、滋味清甜爽口的重要基础。土壤以红黄壤为主，土层深厚，土壤表层腐殖厚，有机质含量高，土质多火山

角砾岩、红砂岩及页岩，疏松透水，通气性好，土壤pH为4～5。以上自然条件是形成政和白茶优异品质的根本。

三、寻贡眉的家乡

贡眉是以菜茶有性群体种茶树的嫩梢为原料，经萎凋、干燥、拣剔等工艺制成的白茶。用菜茶芽叶制成的白茶称为"小白"，用福鼎大白茶、政和大白茶和福安大白茶芽叶制成的白茶称为"大白"。贡眉的故乡在福建省南平市建阳区。

清乾隆年间，漳墩镇桔坑村肖氏采制的"小白"为最早的建阳白茶。1913年，建阳开始用水仙品种制作白茶，称为"水仙白"。

建阳白茶历史悠久，漳墩、水吉、回龙、小湖四个乡镇为主产区，面积与产量以漳墩为最大。漳墩镇古称紫溪里，地处武夷山东南麓，属中亚热带季风气候区，光热资源丰富。茶区海拔200～1200米，这里四季分明，夏长秋短，秋冬多雾。漳墩地区土壤以红壤、红黄壤为主，土层平均厚度达1.1米以上，pH4.6～6.5，优越的自然条件造就了"建阳白茶"独特优异的品质特征。

建阳区漳墩镇杭下村茶园

漳墩镇小白茶母树茶园

四、觅寿眉的家乡

寿眉的故乡在福建省福鼎市、政和县、建阳区等地。福鼎、政和、建阳茶区的介绍详见前文白毫银针、白牡丹、贡眉家乡部分。

第三节 白茶家族中的明星成员

白茶家族中的"兄弟姐妹"不多，但都称得上明星成员。

一、白毫银针

白毫银针以福鼎大白茶、政和大白茶或水仙茶树品种的单芽为原料，经萎凋、干燥、拣剔等特定工艺制成。产品分特级和一级。白毫银针芽头满披白毫，色白如银，形状如针；汤色浅黄明亮；毫香显；滋味鲜醇；叶底为全芽，柔软明亮。

干茶   茶汤   叶底

二、白牡丹

白牡丹以福鼎大白茶、政和大白茶或水仙茶树品种的一芽二叶为原料制成。外形芽叶连枝，自然舒展，色泽灰绿；汤色橙黄明亮；滋味鲜浓；香气清纯有毫味；叶底芽叶成朵，叶脉微红，叶色嫩绿明亮。

干茶   茶汤   叶底

三、贡眉

贡眉以群体种茶树品种的嫩梢为原料制成。其芽心较小，色泽灰绿稍黄；汤色黄亮；香气鲜纯，滋味清甜；叶底黄绿，叶脉带红。

干茶   茶汤   叶底

四、寿眉

寿眉以大白茶或群体种茶树品种的嫩梢或叶片为原料制成。叶态尚紧卷，尚灰绿；汤色尚橙黄；香气纯，滋味醇厚尚爽；叶底稍有芽尖，叶张软亮。

干茶   茶汤   叶底

第三章 走进黄茶大家族

黄茶是我国特色茶类，属于轻发酵茶。在加工过程中，独特的闷黄工艺形成了黄茶黄汤黄叶的品质特征。

第一节 黄茶家族成员

首先，让我们了解黄茶的加工工艺，再认识黄茶家族中的"兄弟姐妹"吧。

一、绿色芽叶变黄茶的秘密

1. 炒一炒（杀青）

我们前面提到过绿茶有杀青工艺，黄茶与绿茶相似，也要杀青，就是将鲜叶放入高温杀青锅内炒一炒，利用高温破坏鲜叶中蛋白酶活性，阻止内含物质氧化，防止产生红色叶片和红色茎梗，蒸发部分水分，散去青草气味。

黄茶杀青

2. 闷一闷（闷黄）

杀青后的鲜叶要在一定的湿度和温度条件下闷一闷，促进杀青叶内含物质的轻度氧化，这个工序叫闷黄。闷黄分为在揉捻前后的湿坯闷黄和在干燥过程中的干坯闷黄，是黄茶黄汤黄叶品质形成的重要工序。通常，闷黄后的芽叶颜色会变黄，香气会显露。

黄茶闷黄

3. 揉一揉（揉捻）

闷黄后的芽叶在锅中边炒边揉，使芽叶在外力作用下形成紧细、弯曲的形状。这种加热条件下的揉捻既有利于芽叶揉成条形，也起到一定的闷黄作用。但不是所有的黄茶都需要揉捻，用嫩芽加工的君山银针和蒙顶黄芽就不用揉。

4. 烘一烘（干燥）

使用烘笼，采用不同的温度分次将揉捻叶烘一烘，这个过程叫黄茶的干燥。干燥的温度遵循先低温后高温的原

黄茶揉捻

则，先低温，即在又湿又热的条件下进一步闷黄，并缓慢去除部分水分；然后高温，固定已经形成的黄茶品质，同时在又干又热的条件下，进一步提升黄茶香味。

二、黄茶家族中的"兄弟姐妹"

依据鲜叶老嫩、芽叶大小的不同，传统黄茶可以分为黄芽茶、黄小茶和黄大茶。现根据黄茶国家标准，将黄茶分为芽型、芽叶型、多叶型、紧压型四类。

1. 黄芽茶（芽型）

黄芽茶原料细嫩，由单芽或一芽一叶初展的鲜叶原料加工而成，如湖南的君山银针、四川的蒙顶黄芽等。

2. 黄小茶（芽叶型）

黄小茶是利用细嫩的一芽一叶、一芽二叶初展的鲜叶为原料加工而成，如湖南的沩山毛尖和北港毛尖，湖北的远安鹿苑茶，浙江的平阳黄汤和莫干黄芽，安徽的霍山黄芽等。

君山银针

莫干黄芽

霍山黄大茶

3. 黄大茶（多叶型）

黄大茶是用一芽多叶或对夹叶制成，如安徽的黄大茶和广东的大叶青。

4. 紧压型

紧压型黄茶由毛茶或精制的成品茶经蒸压定型、干燥再加工制成，如湖南的黄金砖、黄金饼、黄金条等。

黄茶饼

第二节　黄茶家乡之旅

黄茶产地，主要有安徽、湖南、湖北、四川、浙江、广东等省。

一、探霍山黄芽茶的家乡

霍山黄芽茶产自安徽省六安市霍山县，是用霍山金鸡种、舒茶早等茶树鲜叶，经特殊工艺加工而成的黄茶。

霍山县位于安徽省西部的大别山腹地，属山地地貌，四季分明，气候温和，水源丰富。产区内生态环境优美，物种资源丰富，森林覆盖率高，土地肥沃，适宜茶树的生长。

霍山县在古代曾隶属于寿州（今安徽省淮南市寿县），陆羽《茶经·八之出》中记载："淮南以光州上，义阳郡、舒州次，寿州下，蕲州、黄州又下。"这里的记载明确说明霍山地区产茶可追溯到唐代。霍山的茶产量在宋代大大增长。到了明代，霍山黄芽已成为珍贵的贡茶，体现了当时人们对于霍山黄芽品质的认可和喜爱。2006年12月，霍山黄芽被认定为国家地理标志保护产品。

二、访君山银针茶的家乡

湖南省岳阳市是君山银针茶的家乡。

岳阳是一座有着2500多年历史的文化古城，处于长江和洞庭湖交汇之地。洞庭湖上的君山岛出产君山银针茶。君山岛气候温和，降水多，云雾弥漫，土壤肥沃，林木茂盛。

岳阳既是湖南茶叶重要产区，又是我国黄茶代表性产地，其产茶历史久远。《巴陵县志》记载，君山贡茶自乾隆四十六年（1781年）始，每岁贡十八斤。

岳阳市茶园

2022年11月29日，君山银针茶制作技艺被列入联合国教科文组织人类非物质文化遗产代表作名录。

三、寻蒙顶黄芽茶的家乡

四川省雅安市名山区蒙顶山是蒙顶黄芽茶的产地。

蒙顶山茶区气候温暖湿润，阴雨天较多，具有雨多、雾多、云多的特点，茶园土层深厚，土壤肥沃呈酸性。人们常说"云雾山中出好茶"，蒙顶山丰富的漫射光，有利于茶树的香味物质形成，为蒙顶黄芽的优异品质提供了适宜的条件。

蒙顶山茶园

据历史资料记载，蒙顶山产茶的历史非常悠久。蒙顶山不仅盛产蒙顶黄芽，也是绿茶名品蒙顶甘露的故乡。

唐代《元和郡县图志》记载：蒙山在县南十里，今每岁贡茶，为蜀之最。蒙顶山茶自唐代起即为朝廷贡品，是我国历史上有名的贡茶之一。

四、觅平阳黄汤茶的家乡

平阳黄汤茶产于浙江省温州市的平阳、泰顺、瑞安等地，是选用平阳特早等茶树品种的优质鲜叶为原料，以特定工艺精心制作而成的黄小茶。

平阳县位于浙江省东南沿海，县内茶园大多分布于南雁荡山周边，气候温和湿润，雨量充足，土壤肥沃，森林覆盖率高。得天独厚的生态环境，为平阳黄汤的良好品质奠定了基础。

平阳县茶园

早在唐代，平阳县就已产茶。平阳黄汤茶创制于清乾隆年间，因其独特的风味和上乘的品质深受青睐。

第三节　黄茶家族中的明星成员

黄茶因闷黄工序而滋味醇和、茶香纯正，受到很多人的喜爱。尽管黄茶家族在六大茶类家族中是小家族，但其明星成员也不少。让我们一起来了解黄茶家族中的六位明星成员吧！

一、君山银针茶

君山银针茶由未展开的肥嫩芽头制成。干茶的外形像一根根银针，芽头肥壮、直，长短、大小均匀，色金黄，满披茸毫，称为"金镶玉"；茶汤呈浅黄色，香气清鲜，味道甜而爽口。

| 干茶 | 茶汤 | 叶底 |

二、平阳黄汤茶

平阳黄汤茶干茶的外形紧结、匀整，绿中带黄；茶汤呈明亮的杏黄色，香气高，味道甜醇、爽口。具有干茶显黄、汤色杏黄、叶底嫩黄的"三黄"品质特征。

| 干茶 | 茶汤 | 叶底 |

三、霍山黄大茶

霍山黄大茶也称为皖西黄大茶。干茶的叶片大、茎梗长，呈黄褐色；茶汤为明亮的深黄色，具有突出的焦香，就像锅巴的香气，味道浓厚，可以冲泡多次。

| 干茶 | 茶汤 | 叶底 |

四、蒙顶黄芽茶

蒙顶黄芽茶干茶的外形扁、直，芽叶大小长短均匀，肥嫩且有很多茸毫，呈嫩嫩的黄色；茶汤为亮亮的黄色，香气甜，味道鲜醇回甘。

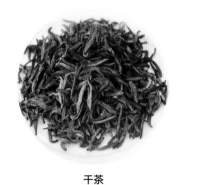

干茶　　　　　　　　　　　茶汤　　　　　　　　　　　叶底

五、莫干黄芽茶

莫干黄芽茶产自浙江省德清县的莫干山区，采摘一芽一叶或二叶制作而成。干茶的外形紧细而略微弯曲，有毫毛，黄绿色；茶汤橙黄明亮，鲜嫩的香气久而不散，味道醇爽可口。

干茶　　　　　　　　　　　茶汤　　　　　　　　　　　叶底

六、远安黄茶

远安黄茶产于湖北省远安县。干茶的外形紧结、卷曲呈环状，金黄色，有白色的茸毫；茶汤黄亮，香气高而较持久，有熟板栗香，味道醇厚回甜。

干茶　　　　　　　　　　　茶汤　　　　　　　　　　　叶底

第四章　饮茶方式的前世今生

从发现茶到饮用茶，从六大茶类的逐渐形成，到饮茶方式的不断演变，是人们用智慧书写的一部波澜壮阔的茶叶发展史。

第一节　茶类的形成

中国有六大茶类，是世界上茶类最丰富的国家。茶类的产生和形成，凝聚着先人的智慧，也标志着制茶技术的发展。

一、六大茶类的产生

中国茶从鲜叶到加工后形成六大基本茶类，历经了数千年的光阴，终于形成了一个庞大的家族。从我们古代文献中可以看到，绿茶是较早出现的茶类。唐代陆羽《茶经》详细记录了制茶方法，《茶经》中所说的饼茶，就是古老的蒸青绿茶。经历了一个漫长的过程，绿茶的加工工艺有蒸青、炒青、烘青、晒青，还出现了片、末、针、眉、螺、珠等外形，绿茶产品丰富多彩。

到了明代，在炒青绿茶的基础上，制茶师有意识地在不同环节中加上闷黄的工艺，产生了与绿茶风味不同的黄茶。如创制于明代隆庆年间的安徽黄大茶，就是在初步干燥之后再加以闷黄工艺制成的。同时，明代中期，在绿茶生产、运输过程中，经过闷、渥等过程，又产生了黑茶，如安化黑茶，被用来与边疆民族交换马匹。明代田艺蘅《煮泉小品》中有"芽茶以火作者为次，生晒者为上，亦更近自然，且断烟火气耳"的描述，这是对白茶制作工艺特点的描述。清乾隆年间，福建福鼎有茶农采用福鼎大白茶加工成白毫银针、白牡丹等。

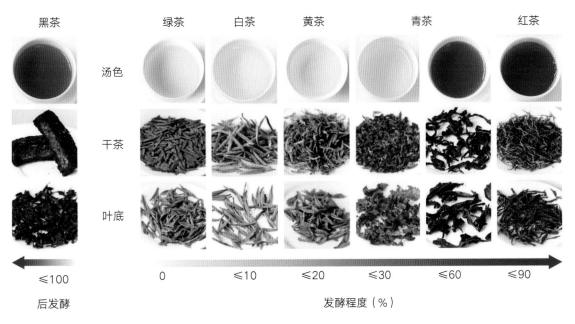

六大茶类的不同品质特征与发酵程度比较

"红茶"一词最早出现在明代刘基的《多能鄙事》一书中。清代，福建省崇安县（今武夷山市）桐木关首创小种红茶，是历史上最早出现的一种红茶，后来逐渐演变成工夫红茶。青茶（乌龙茶）也是由福建茶农创制于清代。

清代，中国已具有六大基本茶类。中国的茶叶研究者和生产者，依然继续发挥着自己的聪明才智，不断创造更有特色的茶品。

二、六大茶类的形成

长在树上都是绿油油的嫩芽叶，到了我们的杯中，为什么会有不同的汤色、香气和滋味呢？奥秘就是制茶师傅用一定的工艺和方法，使鲜芽叶中的茶多酚产生不同程度的变化，进而制成各具风味和品质特色的茶叶。

茶多酚生性活泼，还自带一种叫多酚氧化酶的催化剂，一碰到氧气就特别容易"害羞脸红"，长时间"吸氧"，芽叶会逐渐变红，这个现象称为氧化，俗称发酵。可是你知道吗，正因为茶多酚有"羞涩"的特点，制茶师才可以把鲜叶做成不同外形和味道的茶叶。

1. 绿茶

为了让绿茶的颜色像长在树上时一样绿，制茶师把采下来的鲜叶短时间内高温蒸或炒一下（杀青），鲜叶里面的多酚氧化酶烫死后，芽叶就不再那么容易"脸红"，鲜叶的绿色也就保留下来。制茶师傅把芽叶做成各种各样的形状，再干燥后，就形成了名副其实的绿色的茶。绿茶不仅干茶绿，泡出来的茶汤又绿又鲜又清爽，就连泡过后的茶渣也是绿的。所以，我们说绿茶有"三绿"的特点。

杀青

2. 黄茶

黄茶是从绿茶演变而来的。以前，在绿茶制作过程中，没有及时摊晾，或者为了要赶时间马上运到市场去，这样茶叶难免会被闷黄，这时茶虽然不太绿了，但喝起来反而觉得更醇和了。受到这样的启发，制茶师们就把正在做或者快做好的茶叶用布、筐等闷盖一段时间。这样，茶叶虽然经过杀青，但在又热又湿的情况下，茶多酚还会慢慢发生微弱氧化，这个现象称为茶多酚的自动氧化。这样制成的茶就是黄茶。

闷黄

黄茶喝起来有一种特别的风味，因为有了微弱的发酵，黄茶的茶汤看起来也不是那么绿，而是偏黄色的，喝起来不太涩口，醇醇的，有的还带着丝丝的玉米香。

3. 黑茶

黑茶也是从绿茶演变而来的茶类。茶叶需要运往各地，有的甚至路程很远，而从前的车马很慢，有的茶还需要人背着长途跋涉，一路上难免会日晒雨淋，茶叶慢慢就会变黄，最后变成深褐。因此，人们就叫它黑茶。

看起来黑乎乎的茶，泡出来却有一种特别的口感。后来，人们有意将茶叶进行渥堆，也称为"后发酵"。做黑茶的叶子往往比较粗

普洱茶渥堆发酵

大，还有些茎梗。渥堆时，有很多微生物来帮忙，把芽叶里面的成分进行了各种分解。黑茶在贮藏过程中，有的茶块里面还会长出一种金花状的有益菌，注意噢，这不是霉菌！金花多，往往表示茶叶的品质好。

黑茶往往有陈香，看起来茶汤颜色有点深，但滋味却一点都不刺激。

4. 白茶

白茶是最具天然特性的茶类，制作工艺只有两步——萎凋和烘干（或晒干）。萎凋就是把鲜叶摊放在通气的竹匾上，定时翻一翻，这是白茶加工的第一道工序，耗时最长，有时需要72小时，也是最重要的工序；白茶的烘干或晒干所需的时间不长。白茶比较耐泡，滋味比较淡雅，有一种自然的清香。

为什么叫白茶呢？因为制作白茶的茶树品

白茶萎凋

种比较特别，芽叶上面的白毫比较茂密，干燥后，白毫就更加显露出来了，茶叶通体银光闪闪，非常漂亮。有的白茶贮存时间很长，虽然叶色深了，但白毫依然还是很明显。

随着贮存时间的延长，白茶中的茶多酚会轻微地发酵，茶会慢慢变黄、变褐，汤色也会随着贮存时间延长而慢慢变深。

5. 青茶

青茶制作工艺比较特殊，在制作时要反复摇青、晾青，在这个过程中，芽叶的边缘被擦破，茶多酚碰到了氧气，叶边就变红。因此在泡茶时，我们可以看到青茶叶底的"绿叶红镶边"的特点。青茶的茶汤有的橙黄，有的橙红，滋味比较浓厚，还带着浓浓的花果香。

青茶摇青

6. 红茶

鲜叶采下后，经一段时间萎凋，芽叶柔软了以后就不容易碎；然后边揉捻边把芽叶做成一定的形状；再让芽叶"沉睡"一段时间，让茶多酚进行充分氧化，叶子慢慢变红；最后烘干，就成红茶了。红茶也称为"全发酵茶"。

红茶的汤色红艳明亮，滋味醇爽，香气中往往透着甜甜的花果香或蜜香。

红茶发酵

第二节 不同的饮茶方式

新鲜芽叶从树上被采摘下来，到成为茶杯中的茶饮，要"走两段路程"，第一段"路程"是被做成不同形状和"性格"的茶叶，我们称为制茶。但是，制成的干茶还不能直接吃，所以，第二段"路程"就是要把茶叶里面蕴含的美味物质以茶汤的形式呈现出来，我们称为烹茶。我们的先人前辈针对不同种类的干茶，采用了不同的方法、器具、水和温度，煮、点、泡成美味的茶汤。就这样，各种各样的饮茶方式既赋予了茶叶第二次生命，又给我们的生活增添了无穷的乐趣。

一、煮茶

在唐代之前，煮茶时，先把茶叶捣碎，再加入其他食物、香料和盐等一起煮。到了唐代，为了使茶汤更好喝，煮茶时不再加姜、橘皮等，只加点盐，对煮茶的要求也比较高，煮一锅茶汤有多道工序、多种要求，特别是对水温的控制要很用心。要喝到一碗美味的茶汤，真不是一件容易的事。现在有些地区、有些少数民族还有煮茶饮用的习惯。

末茶

煮茶

二、点茶

点茶始于唐代后期和五代时期，到了宋、元时期，逐渐成为主要的饮茶方式。点茶时，需先把茶饼研磨成更细的茶粉，放在茶碗里，然后直接用开水冲调，并用汤匙或者茶筅把茶水搅打均匀。为了品尝茶本来的滋味，茶汤中就不再加盐了。

茶百戏

在点茶过程中，人们发觉茶汤表面会产生很多不同形态的泡沫，有多种变化和美感，而且茶汤的口感也特别好。因此，大家把泡沫的白色和丰富持久作为好茶的标准，并经常比赛，看谁点得更好，这种活动就称为"斗茶"。有的人点茶是为了自娱自乐，也有的人将茶汤和泡沫点成各种形态，并赋予其诗情画意的意境，创作成诗歌来吟诵，这样的活动称为"分茶"；还有的人把茶汤和泡沫点成如一幅图画那么生动具体，称为"茶百戏"或"水丹青"。

三、泡茶

泡茶的方式虽然唐宋时期也存在，但还不普遍。到了明代以后，无论是朝廷高官、文人雅士还是普通百姓，人们对茶的新鲜感要求越来越高，大家越来越喜欢茶天然的色香味形，渐渐地就不愿再做那么复杂的饼茶，而改做散茶了。特别是明太祖朱元璋下了一道诏令，要求"罢造龙团，惟采茶芽以进"之后，全国做茶的师傅大都改做散茶了。茶叶也不再磨碎冲泡，而是直接把茶叶放在茶器里，用开水冲泡饮用。这个泡茶方法一直沿用至今。现在，因为新茶类和新茶具的出现，泡茶的方法也越来越多样。

泡茶

第三节　饮茶趣闻

饮茶方式随着茶类的不断创新而发生演变，智慧的古人或清饮、或调饮，创造出更多的"茶饮"，以"斗茶"这种"游戏"丰富人们的生活。我们再来听三个小故事吧！

一、王肃饮茶的故事

南朝时期，有一人叫王肃，在南齐当官。王肃的父亲因为得罪当时南齐国君被杀害，王肃逃离南齐，投靠北魏。北魏孝文帝看到王肃投靠自己，热情款待王肃。王肃凭借自己的才能带兵打了胜仗，更加得到北魏皇帝的赏识。

王肃还在南齐的时候，就非常喜欢喝茶。到了北魏后，他仍然保持着这种嗜好。有人仰慕王肃，也学起王肃饮茶。另一些人却看不惯他们，讽刺说："你们不喜欢牛羊、山珍之物，却喜欢茶这种水厄之物。"然而，由于当时南北民族文化、饮食习惯的交融逐渐加深，北魏喜欢茶这种"水厄"的人也越来越多了。

二、岳飞巧用姜盐茶

湖南湘阴县地处洞庭湖的南面，这里具有悠久的历史文化，此地出产之物与"岳"字都有着特殊渊源，例如该地不仅有著名的岳州窑，还有一种名为"岳飞茶"的特产。岳飞茶实际上是一种用茶和姜、盐、豆子等材料制成的茶饮，在当地也称为"姜盐茶"，是古代的一种调饮茶。

南宋绍兴五年（1135年），岳飞被朝廷任命为镇宁崇信军节度使，带兵南下至汨罗营田镇，准备作战。岳飞所领导的岳家军多来自中原地区，驻军江南后因水土不服，军队中腹胀、腹泻、厌食和乏力的兵士日见增多，影响了整个军队的作战能力和士气。岳飞看到这种情景，心中十分焦急。因为平日喜欢研读医书，当他看见当地盛产茶叶、黄豆、芝麻、生姜等作物，便吩咐部下用盐、姜、黄豆、芝麻、茶叶加水熬煮成一种茶饮。果然，这种茶饮发挥了极大的作用，饮用后，军队中因为水土不服而生病的人数大为减少。这种茶饮也被命名为姜盐茶。军营周围的百姓听闻姜盐茶的特殊作用，也学习着开始制作，从此，姜盐茶便在湘阴地区流行开来。直至今日，湘阴县的百姓仍然在饮用姜盐茶。

三、蔡襄与苏才翁斗茶

宋人江休复在《嘉祐杂志》中记载了一个故事，讲的是苏才翁与蔡君谟斗茶，蔡茶精，水用惠山泉；苏茶劣，改用竹沥水煎，遂能取胜。

苏才翁即苏舜元，字才翁。君谟，是蔡襄的字。两位都是宋仁宗时的进士，友情深厚，常有诗、茶往来。宋仁宗皇祐三年（1051年），蔡襄在家服丧期满，返京途中逗留杭州，与苏才翁相约斗茶。

苏才翁斗茶胜出，妙在选用了竹沥水。这正印证了张大复《梅花草堂笔谈》中所说："茶性必发于水，八分之茶，遇水十分，茶亦十分矣；八分之水，试茶十分，茶只八分耳。"那么这竹沥水究竟是一种什么水？有人以为是竹经火炙后沥出的澄清液汁，可供药用。其实不是。宋时，天台有一种竹子，竹竿中含有大量水分，以致只要折断竹梢部分，清液就会向外流溢，茶人会将竹沥水盛入银瓮，密封珍藏，用于烹茶或斗茶。

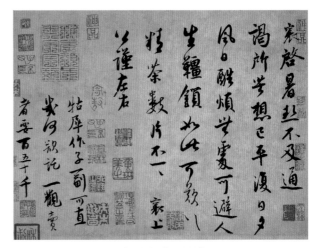

宋 蔡襄《暑热帖》

第五章　习公共礼仪

公共礼仪是指公共场合的礼仪，公共礼仪体现社会公德。公共礼仪总的原则是：遵守秩序，仪表整洁，讲究卫生，尊老爱幼。

第一节　茶事礼仪

在校外参加公共活动应遵守公共礼仪。与茶事相关的公共活动包括参观访问、茶艺演示、户外茶会等。

一、参观访问

参观访问是一项开阔眼界、增长知识、陶冶情操的活动，我们去参观茶叶博物馆、茶器具展览等相关活动，访问茶叶科研机构等，应当严格遵守参观的礼仪规范。具体要求如下：

① 听从师长的安排，遵守时间约定；

② 保持安静，认真聆听介绍，如有疑惑可以等到提问时间再发言；

③ 爱护展品，不乱触碰、推摇、踩踏和攀爬；

④ 爱护草木，不踩踏绿地，不摘折花木和果实；

⑤ 文明参观，拍照、摄像要遵守场馆的规定；

⑥ 相互礼让，不长时间占用公用设施；

⑦ 尊重不同的风俗和习惯。

二、茶艺演示

演示茶艺时的一举一动，代表了我们的茶艺水平。准备工作要充分，演示时要做到心态平和、言行规范、知礼晓义。如果是团队集体的演示，还要注意与同伴的相互支持与配合。同时我们必须遵守以下礼仪：

① 服从师长的安排，按时到达指定的场地；

② 遵守现场的规定，在指定的区域休息等待，不要随意走动、大声喧哗、嬉笑打闹；

③ 提前确认演示服装、器具、茶叶、水等必要的物品是否齐备；

④ 提前候场，安静等待，确保演示有序进行；

⑤ 演示完毕，需行礼致谢；

⑥ 及时清理、收纳茶器具；

⑦ 遇到问题，及时向师长汇报，不可擅自行动。

三、户外茶会

有些茶会选择在户外进行，如广场、草坪、山涧等。在参与户外茶会的时候，要遵守茶会的相关礼仪。

① 提前了解茶会的活动流程、时间、地点等信息；

② 布置茶席时要在指定的范围，要爱护公共设施，爱护环境，不擅自采花折草来装扮自己的茶席；

③ 户外茶会大多是席地茶席，行走时脚步要轻，避免扬起灰尘；

④ 受人茶水要表达谢意；

⑤ 关注活动的进程，注意整体的节奏；

⑥ 注意保管好随身物品，活动结束时快速收纳茶器具；

⑦ 带走垃圾及废水等。

第二节　清洗与清理礼仪

清洗与清理是小茶人的必备技能，也是小茶人提升自身修养的必修课。

一、清洗

使用过的茶具，尽可能及时清洗。如在公共场所清洗茶具，务必安全操作，确保茶具摆放安全，避免打翻或推倒。避免长时间占用水龙头，注意礼让他人。

要特别注意的是，在洗手、洗茶具时，不要做大幅度的甩水的动作，避免水渍甩到别人的身上，这是非常不礼貌的做法。

二、清理

参加户外茶事活动时，提前准备好垃圾袋，做好垃圾分类，特别是茶渣的处理，如果没有对应的垃圾桶，则装入自备的垃圾袋带走，以免堵塞下水管道。

第六章　泡一碗醇醇的茶

我们学习了六大茶类中绿茶、红茶、青茶的冲泡与品饮，这一章继续学习白茶、黄茶和黑茶的冲泡和品饮。

第一节　品一品白茶、黄茶和黑茶

白茶、黄茶和黑茶因为采用了不同的制作方法，它们的色、香、味、形各不相同，并各具特色。

一、清甜的白茶

白茶的制作看起来简单，但实际并不简单。品质好的白茶，外形、茶汤、叶底颜色都很浅亮，有人称为"白"，白茶也因此得名。

1. 白茶的形状

白茶的"白"来自芽叶上的白毫，芽叶越嫩，白毫越多。由于制作时不炒不揉，白茶的形状自然舒展。白毫银针全部用茶芽制作，茶芽壮实、白毫满披；白牡丹芽叶连枝，叶面颜色深，叶背有白毫，被称为"银背铁面"；贡眉是用群体品种原料加工而成的白茶，形状与白牡丹相似；寿眉用更成熟的原料加工而成，茶芽更少而叶张更大，颜色也更显棕褐。

2. 白茶的香气

多茸毫的白茶冲泡时有一种独特的、清新的甜香，有一些像树木的气息，叫作"毫香"。白茶的香气清新、自然、纯正，嫩度好的白茶，毫香更突出。

3. 白茶的味道

白茶的滋味以清醇带甜、柔和为佳，以带有青草气味、发酵味为次。

二、醇和的黄茶

黄茶不是变陈变黄的绿茶，茶色黄是闷黄的工序制作出来的。

1. 黄茶的形状

黄茶的形状和绿茶很相似，只是颜色是黄色的。黄茶，有的用茶芽制作，样子扁扁的，还会有白毫；有的芽叶紧卷成条，像一段段深黄色的棉线；还有的叶大连梗，就像原来长在茶树上的样子，只是颜色变成了焦黄色。

2. 黄茶的香气

特别的工艺使黄茶形成了很好的香味。有的黄茶可以闻到像鲜花、坚果一样带着一点甜的香气；有的黄茶具有像森林里树木一样清新的香气；还有的黄茶带有像嫩玉米煮熟后的香气。

3. 黄茶的味道

黄茶味道有的浓，有的鲜，有的醇，还有的带点回甜。

三、陈醇的黑茶

中国很多地区都生产黑茶，加工出的黑茶品种多样且各具特色，它们分别销往不同的地区。

1. 黑茶的形状

从前，黑茶从产地运往销售地的路途很远，因为黑茶的销售地有的在边疆，有的在海外。为了方便搬运，很多黑茶被压制成方砖形，常见的像茯砖、青砖、黑砖、花砖、康砖。圆饼形的黑茶如云南普洱茶，每一个茶饼重357克，7个圆茶饼的重量刚好接近2500克，装在一起叫"七子饼茶"。压制的黑茶外形紧实、厚薄匀称、图案清晰，因工艺、长期运输和存放的缘故，黑茶的颜色大多是深暗的。

2. 黑茶的香气

黑茶的香气和其他茶类有很大不同。很多黑茶香气会出现很特别的陈味，这种没有杂味的陈香，其实大家都能够接受。

3. 黑茶的味道

很多黑茶入口后会有很明显的甜味，即常说的回甘，这是黑茶味道好的表现。

第二节　辨一辨不同的水

通过对比试验，我们发现饮用纯净水、饮用天然水、饮用天然矿泉水、自来水、含气天然矿泉水、苏打水等六种水中，前四种适合泡茶，后两类不适合泡茶。那么，前四种水泡茶又有什么不同呢，让我们来试一试吧。

一、四种泡茶饮用水

首先综合比较各种水之间的差异。

通过看一看，闻一闻，尝一尝，比较一下饮用纯净水、饮用天然水、饮用天然矿泉水、自来水有什么区别。

水类	甜味	咸味	气味	颜色	气泡
饮用纯净水	无	无	无	无色	无
饮用天然水	微甜	可能有	无	无色	无
饮用天然矿泉水	可能有	可能有	可能有	无色	少量有
自来水	可能有	可能有	可能有	可能有	无

二、四种水冲泡同一款茶

思考一下，以下哪种水或哪几种水更适合泡茶。

选择白茶、黄茶、黑茶中的一款，用相同水温、相同投茶量和浸泡时间，分别用四种不同的水冲泡，比较滋味、香气和汤色的差异。

称茶

示例：

选用白牡丹，称4份2克的茶叶，备用；

准备四种常见水各200毫升，均煮沸并冷却至80℃；

用四种水冲泡同一种白牡丹，浸泡2分钟。

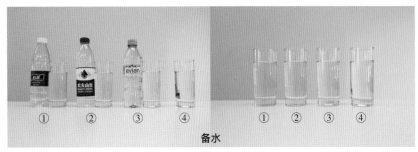

备水

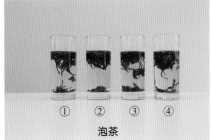

泡茶

辨别每一款茶的汤色、滋味和香气。说出你最喜欢喝哪一杯茶。

茶汤色、香、味	饮用纯净水（①）	饮用天然水（②）	饮用天然矿泉水（③）	自来水（取自杭州转塘）（④）
汤色	浅绿明亮	浅绿	黄绿	浅绿
香气	清香带毫香	清香带毫香	透熟	清香
滋味	清醇带甜	清爽	醇透熟	醇带甜

注：结果仅针对本次实验，使用不同茶叶和水，结果可能会有所不同。

第三节　比一比茶器

我们学习了不同材质、不同器型的茶器，初步懂得了不同的茶应选择相宜的茶器来冲泡。我们再来看一看建水紫陶壶与紫砂壶、青花瓷盖碗与白瓷盖碗的区别。

一、建水紫陶壶与紫砂壶

泡茶器具中，陶茶壶历史悠久，造型丰富。中国有四大名陶，分别为江苏宜兴紫砂陶、云南建水紫陶、广西钦州坭兴陶、重庆荣昌

建水紫陶壶

宜兴紫砂壶

陶。本节介绍宜兴紫砂壶和建水紫陶壶。

这两种茶壶都是泡茶常用的陶茶具。陶茶具保温性好，适合冲泡半发酵或全发酵的茶叶，如乌龙茶、红茶、黑茶等。那么它们有什么不同呢？

1. 产地

① 紫砂壶：产自江苏省宜兴市。紫砂壶于明代开始盛行，2013年成为中国国家地理标志保护产品。

② 建水紫陶壶：出产云南省红河哈尼族彝族自治州建水县。云南建水制陶历史悠久，建水紫陶壶盛行于清代，2016年成为中国国家地理标志保护产品。

2. 原料

① 紫砂壶：原料为宜兴五彩土，泥料含砂，颗粒较粗，可塑性强。

② 建水紫陶壶：原料为建水紫陶土，泥料细腻，含砂量少。

3. 工艺

① 紫砂壶：泥料可塑性高，采用拍打泥片围成壶身的方法成型，便于泥料粘接，用书画雕刻、泥绘等工艺装饰，烧制后不抛光。

② 建水紫陶壶：由于陶泥细腻，多采用手工拉坯的方法成型，用书画雕刻、彩泥镶填等工艺进行装饰，并且坯体要含有一定水分，烧制后进行精细抛光。

4. 外观与质地

① 紫砂壶：成器硬度、强度较小，表面往往呈现细小的砂砾状，吸水性较强，透气性较好，造型多样。

② 建水紫陶壶：成器硬度高，强度大，表面有金属质感，叩击有金石之声。造型多以圆形为主，颜色丰富，质地细腻，光亮如镜。

二、青花瓷盖碗与白瓷盖碗

盖碗又称"三才碗""三才杯"，由盖、碗、托三部分组成。盖喻"天"、托喻"地"、碗喻"人"，暗含"天地人和"的美好寓意。盖碗既可以用作泡茶的主泡器具，也可以作饮茶器具单独使用，泡、饮合用，非常方便。

青花瓷盖碗

白瓷盖碗

青花瓷盖碗和白瓷盖碗都是泡茶饮茶的重要茶具，同属于瓷茶具。那么这两种盖碗有什么不同呢？

1. 釉色

① 青花瓷盖碗：青花瓷是釉下彩瓷的一种。青花瓷盖碗是以含氧化钴的钴料在坯体上

描绘纹饰，再罩上一层透明釉，经高温还原焰一次烧成，青花纹饰素雅清丽。

② 白瓷盖碗：白瓷的胎和釉均是白色，以氧化焰烧成。

2. 适用茶类

① 青花瓷盖碗：青花瓷盖碗色泽清雅，适宜冲泡茉莉花茶、绿茶、黄茶等茶汤颜色清浅的茶类。

② 白瓷盖碗：白瓷盖碗颜色洁白，较易表现茶汤本色，适用于冲泡六大茶类的各种茶叶。

| 青花瓷盖碗 | 白瓷盖碗 | 白瓷审评盖碗 |

第四节 生活型白茶、黄茶和黑茶的冲泡

前几节，我们学习了白茶、黄茶、黑茶的加工制作和品鉴知识，本节我们将学习在生活中如何冲泡好一杯白茶、黄茶和黑茶。

一、浓茶与淡茶

一杯好茶首先要浓淡适宜，"浓"指的是茶汤滋味适口醇香，"淡"指的是茶汤清雅宜人。要根据饮茶人的喜好，泡出浓淡适宜的茶汤。

1. 稍浓的茶汤——泡给师长喝

奉给师长的茶，滋味可适当浓些，投茶量可适当多些，茶水比为1∶20～1∶40。

| 白茶4克 | 黄茶4克 | 黑茶5克 |

"浓茶"的参考冲泡参数

茶名		白牡丹	莫干黄芽	普洱熟茶
泡茶要素	投茶量	4克	4克	5克
	水温	85℃	85℃	90℃
	注水量	100毫升	100毫升	100毫升
第一泡时间		60秒	40秒	50秒
第二泡时间		30秒	20秒	20秒
第三泡时间		40秒	30秒	10秒
第四泡时间		50秒	50秒	40秒
第五泡时间		60秒	60秒	50秒

2. 稍淡的茶汤——泡给同学喝

奉给同学的茶，滋味可以清淡些，投茶量可适当减少，茶水比为1：40～1：60。

白茶2克

黄茶2克

黑茶2克

"淡茶"的参考冲泡参数

茶名		白牡丹	莫干黄芽	普洱熟茶
泡茶要素	投茶量	2克	2克	2克
	水温	85℃	85℃	90℃
	注水量	100毫升	100毫升	100毫升
第一泡时间		40秒	50秒	40秒
第二泡时间		20秒	20秒	20秒
第三泡时间		20秒	30秒	10秒
第四泡时间		40秒	40秒	20秒
第五泡时间		60秒	60秒	30秒

二、器具准备

选用茶具：白瓷水壶、白瓷盖碗（注水量100毫升）、玻璃公道杯（容积约150毫升）、白瓷品茗杯（容积约40毫升）及杯托、茶巾、茶荷等。

水壶

盖碗

公道杯

品茗杯和杯托

茶巾

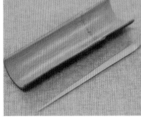
茶荷与茶匙

盖置

三、冲泡流程

温具→置茶→冲泡→温杯→沥汤→分汤→奉茶→收具。

温具 注水，温盖碗。

置茶 投茶入盖碗。

冲泡 沿盖碗内壁环绕注水至七分满，注水后加盖、计时。第一次冲泡等待的时间要稍长点，约50秒，茶叶只有吸收了水分才能释放出内在的物质。

温杯　在等待出汤的过程中，将水壶里的水注入公道杯，温公道杯，再由公道杯向3只品茗杯注水，温品茗杯，之后弃水。

沥汤　持盖碗，将茶汤沥入公道杯。

分汤　持公道杯将茶汤均匀地分到品茗杯。

奉茶——给师长　双手端杯托，恭敬地端上茶。伸出右手示意，再说敬语，如"爷爷，您请喝茶。""老师，您请喝茶。"

奉茶——给同学　双手端杯托端上茶。伸出右手示意，并说："同学，请喝茶。"

收具 清洗、收纳茶具。

第五节 演示型白茶、黄茶和黑茶的冲泡

本节以白茶为例，选用常见的白牡丹，用白瓷茶具为师长演示冲泡、奉茶的过程。

一、器具准备

选用盖碗（注水量100毫升）、公道杯、品茗杯（40毫升）、杯托、茶叶罐、茶荷、水壶、茶巾、水盂、茶盘等茶具。

3个品茗杯倒扣在杯托上，呈"品"字形，放于茶盘中间。

水壶放在茶盘内右下角，水盂放右上角，茶荷叠于茶巾上，放于茶盘中间内侧。

公道杯、盖碗、茶叶罐依次放于左侧。

各器具在茶盘中均为固定位置。

备具图

二、冲泡流程

上场→放盘→行鞠躬礼→入座→布具→行注目礼→取茶→赏茶→温盖碗→弃水→置茶→润茶→摇香→冲泡→温公道杯→温品茗杯→弃水→沥汤→分汤→奉茶→收具→行鞠躬礼→退回。

1. 上场

右脚开步，端盘上场，目光平视，心情放松，端盘的手臂自然下坠，小臂与肘平，腋下空松，茶盘与身体有半拳距离，高度以舒服为宜。

走至茶桌前，直角转弯，面对品茗者，身体为站姿，双脚并拢，脚尖与凳子的前缘平，靠近凳子。

2. 放盘

放下茶盘 左脚在右脚前交叉，身体中正，右膝顶住左膝窝，重心下移，双手端好茶盘向右侧慢慢推出，放在桌面中间偏内侧位置。

站姿 双手、左脚同时收回，成站姿。

3. 行鞠躬礼

松开双手，紧贴着身体，以腰为中心，身体前倾30°，双手滑到大腿根部，手臂成弧形，头背成一条直线，稍作停顿，身体带手起身成站姿。

4. 入座

女生入座 左脚向正前方一小步，右脚跟上并拢，右脚平行向右一步，左脚跟上并拢，将身体移至凳子前，双手向后将一下后背的衣裙，坐下。臀部边缘坐于凳子的1/2至2/3处。

男生入座 男生端盘，站于凳子右侧，入座同时放下茶盘，双手收回，平放于大腿上，身体前倾10°，行礼。

5. 布具

按从右至左的顺序布置茶具。 | **移水壶**

移水盂 双手捧水盂，沿弧线移至水壶后，与水壶成一条斜线。

移茶荷 双手虎口成弧形，手心向下握茶荷，移至茶盘后左侧。

移茶巾 双手手心向上托起茶巾，移至茶盘后右侧。

移茶叶罐 双手捧茶叶罐，左手握罐、右手为虚，沿弧线移至茶盘左侧前端。

移盖碗 双手端起碗，移至茶盘右下角。

移公道杯 双手捧公道杯，置于茶盘左下角。

按照1号杯、2号杯、3号杯顺序翻品茗杯。

依次翻杯。

翻1号杯　　翻2号杯

翻3号杯

布具完成 茶盘右侧，水盂与水壶成斜线；茶荷与茶巾放于茶盘后，以不超过茶盘左右边框为界。

6. 行注目礼

坐正，微笑面对品茗者，用目光与品茗者交流，意为"我准备好了，将为您泡一杯茶，请耐心等待"。

7. 取茶

捧取茶叶罐 左手取茶叶罐。

开茶叶罐盖 双手拇指、食指共同向上顶开茶叶罐盖，开盖后右手放下罐盖。

取茶　茶叶罐交右手，左手握茶荷向上翻，右手倾斜茶叶罐，前后转动手腕，将茶叶倾出。约取2克茶叶。

取茶毕　右手放下茶叶罐。

8. 赏茶

双手托茶荷，双臂放松成弧形，腰带着身体从右转至左。

赏茶后，将茶荷放回。

合上茶叶罐盖子

将茶叶罐放回原处

9. 温盖碗

开盖　右手持碗盖，从盖碗的里侧沿弧线、向右侧插于碗托与碗身之间。

提壶　提壶注水至1/3碗后，放回水壶。

加盖　持碗盖，沿弧线从外侧加盖。

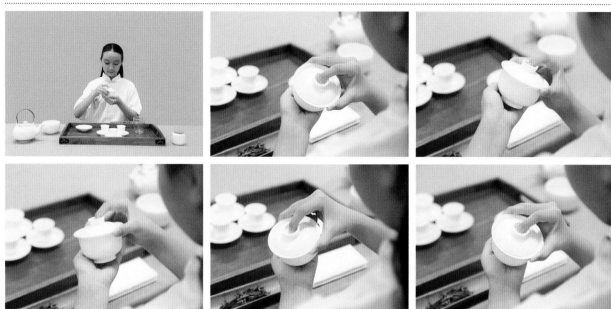

温碗 右手持碗，左手虚托。双手手腕转动，逆时针一圈温碗。

回正。

盖沿留缝

10. 弃水

弃水 右手持碗，移至水盂上方，弃水。

吸干碗底水渍 碗底在茶巾上压一下，以吸干水渍。 | **放回原位**

11. 置茶

开盖 揭开碗盖，插于托与碗身之间。

取茶 双手提握茶荷，调整为双手托举茶荷。

置茶 左手在下轻托茶荷中部，移至盖碗左上方，外侧上抬，让茶入碗。

放回 将茶荷放回原处。

12. 润茶

提壶 注水 提水壶，逆时针细流注水至1/4碗，将水壶放回，加盖。

13. 摇香

双手捧碗 双手捧起盖碗，慢速逆时针旋转一圈，再快速旋转两圈，放回盖碗。

摇香，回正。

14. 冲泡

开盖

冲泡 右手提壶环绕注水至七分满。

注水入公道杯 往公道杯里注水至五分满。

加盖 放回水壶，加盖。

15. 温公道杯

温公道杯 右手持公道杯，左手五指并拢，中指尖托杯底，逆时针转动一圈温公道杯。

注水入杯①

注水入杯②

注水入杯③

依次注水入品茗杯内。

吸干杯底水渍 公道杯在茶巾上压一下，以吸干杯底的水渍。

放回

16. 温品茗杯

温①号杯 逆时针方向转动，温①号杯。因品茗杯较小，手法可参考温公道杯手法。

回正①号杯

17. 弃水

弃水 持杯至水盂上方弃水。

吸干杯底水痕 弃水后，杯底在茶巾上压一下。

放回

依次温②号杯、③号杯，弃水。

温杯的同时，茶叶内的物质浸泡出来，温杯的速度视投茶量、水温而定，水温高，茶量多，温杯速度宜快；反之宜慢；要灵活掌握。

18. 沥汤

移碗盖 浸泡约1分钟，右手移碗盖，在左边留出一条缝隙。

移公道杯 将盖碗移至公道杯上方。

沥茶汤 垂直碗身，沥净茶汤，将盖碗放回原处。

19. 分汤

斟入①号杯

22. 行鞠躬礼

端盘后退一步

行鞠躬礼

端茶盘起身，左脚后退一步，右脚并上，行鞠躬礼。

23. 退回

退回　直角转身，退回。

三、注意事项

1. 卫生要检查

① 个人的着装要干净整洁。

② 个人的手部要保持洁净，不能有异味。

③ 茶具要干燥、洁净。

④ 冲泡的过程中，双手不能触碰品茗杯的口沿。

⑤ 清理水渍的茶巾要及时清洗消毒。

2. 安全要牢记

① 黑茶冲泡前，由老师先完成紧压黑茶的撬茶准备。

② 煮水时不能打开壶盖观察水的沸腾，避免蒸汽烫伤。

③ 待沸水的声音平静下来再冲泡茶叶，避免热水溅出烫伤。

④ 注水时不要注满，以免端取时烫伤手指。

3. 收具好习惯

① 使用过的茶具及时收回、清洗、消毒、收纳。

② 养成做事有始有终的好习惯。

参考文献

陈凡，2005．湖北赤壁羊楼洞古镇研究[D]．武汉理工大学．

陈会林，2008．"吃讲茶"习俗与民间纠纷解决[J]．湖北大学学报（哲学社会科学版），(6):52-57．

陈宗懋，2000．中国茶叶大辞典[M]．北京：中国轻工业出版社．

陈宗懋，2000．中国名茶志[M]．北京：中国农业出版社．

陈宗懋，2011．中国茶经[M]．上海：上海文化出版社．

陈宗懋，2018．饮茶与健康的起源和历史[J]．中国茶叶，40(10):1-3．

杜学鑫，2018．饮茶习俗与中西文化差异[J]．福建茶叶，40(8):367-368．

郭颖，2015．毛泽东的茶情逸事[J]．文史天地，(9):29-32．

侯自赞，2019．中国特色茶文化历史演进[J]．合作经济与科技，(2):21-23．

何康民，周睿，2011．"川"字牌青砖茶出口前景分析——2010年赵李桥茶厂社会调查报告[J]．湖北经济学院学报（人文社会科学版），(6):60-61．

黄碧雁，2016．民间茶俗和茶礼仪的分析[J]．福建茶叶，38(3):360-361．

皇甫瑞娟，2019．茯砖茶中冠突散囊菌的分离鉴定[J]．现代食品，(23):183-185．

江苏省宜兴市茶文化促进会，中国农业科学院茶叶研究所，2019．壶韵茶香[M]．桂林：广西师范大学出版社．

蒋述卓，2006．小楼听春雨晴窗戏分茶——读陆游《临安春雨初霁》[J]．北方音乐，(4):45．

金翎，2013．安化黑茶发展战略研究[D]．湖南农业大学．

李春仙，2019．漫谈茶及茶文化[J]．福建茶叶，41(3):249-250．

梁成秀，2015．《茶叶与西藏:文化、历史与社会》与推进西藏茶文化的保护、创新与传播[J]．农业考古，(2):329-334．

李梦婷，丁以寿，2020．论鸦片战争前茶叶在中美贸易中的地位及其成因[J]．安徽农业大学学报(社会科学版)，29(1):121-125．

刘凤田，梁永慈，2014．纪录片特写镜头的运用——浅析大型纪录片《茶，一片树叶的故事》[J]．当代电视，(2):22-23．

林美茂，赵子涵，2019．从"茗饮"到"品茗"——中国古代关乎"茶"之饮用诸概念演变史考略[J]．文史哲，(3):130-138，168．

林燕萍，2018．武夷岩茶"岩韵"成因与品鉴要领[J]．武夷学院学报，(5):6．

马晓云，2018．陆羽《茶经》解读茶文化的内涵探析[J]．福建茶叶，40(6):457．

钱时霖，2007．深读吴觉农先生的《茶经述评》[J]．农业考古，(2):162-164．

宋时磊，2019．从酒到茶:唐代社会文化范式的历史转向[J]．广西职业技术学院学报，12(2):5．

周智修，2018．习茶精要详解（上、下）[M]．北京：中国农业出版社．

周智修，2020．茶艺培训教材（I~V）[M]．北京：中国农业出版社．

周智修，2020．一杯茶中的科学[M]．北京：中国科学技术出版社．

孙继和，2001．周恩来爱饮龙井茶[J]．服务科技，(5):47．

施兆鹏，黄建安，2010．茶叶审评与检验[M]．北京：中国农业出版社．

田羽，2005．雅安与蒙顶山茶及茶马古道[J]，科学与文化，(1):53-54．

唐哲嘉，2019．唐宋时期我国茶道所蕴含的哲学思想[J]．福建茶叶，41(3):257-258．

陶忠，马剑，2007．我国饮茶简史与茶文化发展浅析[J]．思茅师范高等专科学校学报，(4):23-26．

王丽丽，2012．黑茶调节脂质代谢的作用研究[D]．湖南农业大学．

王宇，胡文忠，管馨馨等，2020．茯砖茶主要化学成分及其功效研究进展[J]．大连民族大学学报，22(1):16-20．

王传龙，2020．《茶经》的成书背景与中日茶道的流变[J]．农业考古，(2):196-203．

危赛明，2017．白茶经营史录[M]．北京：中国农业出版社．

王蓓，2018．茶文化对英美文学的影响探究[J]．福建茶叶，40(12):439-440．

夏涛，2018．制茶学[M]．北京：中国农业出版社．

谢元鲁，2020．唐茶与养生[J]．文史杂志，(1):108-109．

徐吉洪，杨忠兴，华朝朗等，2018．勐腊县森林资源调查与林业发展建议[J]．林业调查规划，43(2):86-93．

袁弟顺，2006．中国白茶[M]．厦门：厦门大学出版社．

袁柳，杜娟，2018．六堡的地名及其茶叶产销运的历史轨迹[J]．文化学刊，(11):184-190．

袁祯清，宋伟，2019．唐宋时期饮茶风习之发展[J]．中国茶叶，41(3):60-63．

杨爱华，2020．基于古苍梧文化特色的茶艺表演之六堡十二式的研究[J]．福建茶叶，42(4):143-144．

杨琴，2013．雅安藏茶品牌发展与传播研究[D]．重庆大学．

叶乃兴，2010．中国科学·技术与市场[M]．北京：中国农业出版社．

尹绪彪，2018．苏轼茶诗的语言美和意境美：格律、音韵及文化[J]．福建茶叶，40(3):378．

张畅，2019．《茶圣陆羽》与唐代茶文化[J]．华夏文化，(1):60-64．

张翊华，1991．王安石与茶[J]．农业考古，(2):156-158，153．

张茜，2016．中国传统岁时食俗中的茶文化[J]．美食研究，33(4):6-10．

朱一华，2016．论《红楼梦》中的茶文化内涵[J]．福建茶叶，38(8):317-318．

朱泽邦，陈奇志，2014．论"安化黑茶"公共品牌[J]．中国茶叶，36(9):14-15．

后记

我们近40位专家学者怀着虔诚而忐忑的心情，历时5年，编撰了这套丛书。因为孩子们的心地如一张张纯洁的白纸，在这些白纸上书写的每一笔，我们都需要谨之又谨、慎之又慎。

在此，特别感谢浙江省政协原主席、中国国际茶文化研究会荣誉会长周国富先生，中国茶叶学会名誉理事长、中国工程院院士陈宗懋先生的指导与帮助，并为本书撰写珍贵的序言；同时，郑重感谢知名茶文化学者阮浩耕先生，为本书查阅了大量的文献古籍，将一字一句手写的书稿交付我们；感谢上海市黄浦区青少年艺术活动中心高级教师、上海市校外教育茶艺中心教研组业务组长张吉敏女士提供了丰富的第一手资料；感谢礼仪学者张德付先生，帮助我们首次将传统礼仪融入少儿茶艺培训；感谢王元正、李若一、江欣悦、熊思源、张家铭、郭紫涵、王东骏、汤承茗、张逸琳、刘彦言等小茶友的认真演示；感谢周星娣副编审、陈亮研究员、方坚铭教授、邓禾颖研究员、关剑平教授、金寿珍研究员、尹军峰研究员、朱红缨教授、朱永兴研究员等严谨、细致的审稿工作，特别感谢周星娣老师给予我们的书籍出版专业意见。我们很幸运，一路上有这么多专家的指导与支持，为丛书的科学性、正确性、实用性"保驾护航"。

还要特别感谢中国茶叶学会秘书处、中国农业科学院茶叶研究所茶业发展战略研究与文化传播中心的伙伴们的倾心付出，司智敏、梁超杰、马秀芬、袁碧枫、邓林华等虽未参与写作，但先后承担了大量具体工作。感谢中国农业出版社李梅编审对丛书的专业编辑。感谢为本书提供图片作品的所有专家学者，由于图片量大，若有作者姓名疏漏，请与我们联系，将予酬谢。

本套丛书是继《茶童子喝茶》《茶艺培训教材（Ⅰ～Ⅴ）》《一杯茶中的科学》《习茶精要详解》《茶席美学探索》《茶知识108问》《100 Questions and Answers about Tea》《Know Tea, Know Life》等书籍出版后，又一个全新领域的茶科普作品，是我们对少儿茶文化传播的一次探索，尚有不妥之处，请多指教。同时，团队也将继续一边深入茶文化研究，一边陆续把阶段性研究成果与大家分享！

编委会
2022年立秋于杭州